Excel
商务图表从零开始学

王亚飞 孔令春 编著

清华大学出版社
北 京

内 容 简 介

本书是一本介绍Excel 2013商务图表在实际工作中应用的图书，本书涵盖了职场中各种经典的商务图表范例，全面涵盖了市场营销、生产管理和财务管理等众多商务领域，详细讲解了各类商务图表的制作过程和使用心得。案例既可以帮助读者快速获得制作技巧，同时也可以让读者直接在工作中套用，有效地提升了读者的职场竞争力。

全书共6章，分别介绍了Excel 2013的柱形图、条形图、折线图、散点图，以及其他图表在商务图表制作领域中的应用，最后介绍了应用动态图表的方法和技巧。

本书适用于希望提升Excel应用能力的职场人士、经常需要与商务报表和演示文稿打交道的企业人士，以及所有希望获得Excel应用经验与寻求处理和管理数据解决方案的读者。本书同样也可以作为大中专院校和各类培训机构的教材使用。

图书在版编目（CIP）数据

Excel商务图表从零开始学 / 王亚飞，孔令春编著. - 北京：清华大学出版社，2015
ISBN 978-7-302-39870-7

Ⅰ. ①E… Ⅱ. ①王… ②孔… Ⅲ. ①表处理软件 Ⅳ. ①TP391.13

中国版本图书馆CIP数据核字（2015）第080702号

责任编辑： 夏非彼
封面设计： 王　翔
责任校对： 闫秀华
责任印制： 王静怡

出版发行： 清华大学出版社
　　　　　　网　　址：http://www.tup.com.cn，http://www.wqbook.com
　　　　　　地　　址：北京清华大学学研大厦A座　　　　　　邮　编：100084
　　　　　　社 总 机：010-62770175　　　　　　　　　　　　邮　购：010-62786544
　　　　　　投稿与读者服务：010-62776969，c-service@tup.tsinghua.edu.cn
　　　　　　质量反馈：010-62772015，zhiliang@tup.tsinghua.edu.cn
印 装 者： 北京天颖印刷有限公司
经　　销： 全国新华书店
开　　本： 190mm×260mm　　　**印　张：** 16.5　　　　**字　数：** 423千字
版　　次： 2015年5月第1版　　　　　　　　　　　　　　**印　次：** 2015年5月第1次印刷
印　　数： 1~3000
定　　价： 49.80元

产品编号：062403-01

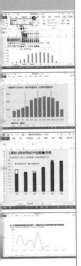

前 言

　　大数据时代，职场人需要具备怎样的技能？在职场中，如何短时间内将尽可能多的信息完整地传递给受众，让别人快速理解和接受你需要表达的内容，这是我们必须具备的一个职场能力。而要做到这一点，数据的处理能力和图表的制作技能就不可或缺。图表是数据的一种表现形式，是数据呈现的最佳载体，其具有直观、生动和易懂的天然优势。作为一个职场中人，通过精美专业的图表能够使你的报告引人注目且不同凡响，帮助你提高职场的核心竞争力，为你的成功创造机会。

图表必须人人都会做

1. 图表是读懂数据的工具

　　很多职场人士在具体的工作中都会遇到撰写商务报告的任务，要在各类商务报告中打动客户或者项目的决策者，详实而可信的数据分析无疑是最实际而有效的，而图表恰恰是让这些枯燥乏味的数据变得易懂且有人情味的最有力的工具之一。在具体的工作中，我们会发现，同样的数据，图表运用得当将会使数据的表达更加清晰和直观，说服力大大地增强。而图表使用得不恰当却往往会适得其反，让读者困惑和误解，甚至对报告的严谨性和报告者乃至公司的专业能力产生怀疑。

2. 图表其实可以很简单

　　当看到专业的财经杂志和各种资深资讯公司的报告上的那些专业的图表时，很多人都会感慨于它们的精致和专业。在这些图表中，有的图表只需要几个元素就能将重要信息表达清楚；有的图表元素搭配合理，将各种数据间复杂的逻辑关系清晰显示，让读者一目了然。我们在惊叹于专业图表所表现出来的制图功底的同时，也会询问自己：我是不是也能制作出这样的图表呢？实际上，要制作出专业而精美的图表并不是一件困难的事情，凭借 Excel 的强大功能，利用其图表制作的能力，任何一个职场人都能够制作出不亚于专业公司制作出的图表，为你的报告增色加分。

　　基于以上两个原因，笔者根据多年的 Excel 图表制作经验编辑了这本图书。本书是一本帮助入门用户使用 Excel 来制作各种常用商务图表的书籍，是一本 Excel 商务图表应用的案例参考指南。

本书的写作特点

1. 循序渐进，合理布局

　　本书是一本介绍 Excel 2013 商业图表制作的案例图书，从最常用的柱形图、条形图和折线图的商务应用开始，逐渐过渡到 Excel 图表的高端应用。在各个章节中，同样是循着常规操作到高端综合应用的思路来安排案例。这样的布局充分考虑到读者的认知习惯，适合各类层次的读者阅读。

2. 实例为主，案例导向

本书以案例的形式来介绍 Excel 图表技术的运用以及商务图表的制作理念，以实际工作中的经典案例为导向，案例均来自于实际工作，读者可以作为模板或参考将它们快速应用于实际工作中。通过对典型案例制作过程进行全面细致的介绍，让读者在制作中掌握知识，理解应用，获得理念，以达到"来源于生活，高于生活"的阅读效果。

3. 内容全面，实用为先

全书由商务图表制作经典案例串起，强调图表制作的实践内容。案例不仅涉及到 Excel 图表制作的应用技巧，同时也融合了笔者多年商务图表制作的经验，内容丰富且涉及商务应用的方方面面。读者边学边做，不仅能够快速掌握专业图表制作的技巧，也能获得商务领域得心应手且契合主题的图表制作方案，将其直接应用到具体的职场工作中。

4. 图文并茂，以图析文

作为一本面向职场人士的图书，如何方便大家阅读，快速掌握制作要点，一直是笔者在思考的问题。全书摒弃了枯燥的文字说明，通过大量图示来对案例的制作步骤进行解析说明。全书图示内容丰富，图示对操作进行了清晰的展示，帮助读者快速了解操作步骤，把握技术要点。

5. 3W 教学理念，看过就会

全书立足于 3W，即 What（商务图表应该是什么样子）、How（怎样制作商务图表）、When（何时选择合适的图表类型）以及 Why（为什么要做成这个样子），帮助读者快速获得商务图表制作必备的技术和理论。

6. 网络资源，方便学习

为了方便读者学习，本书配套素材中附带了所有案例需要的源文件。源文件为读者学习提供参考，同时读者可以直接按照书中操作步骤的讲解进行操作以提高学习效率。

全书概览

全书内容包括 6 章，具体内容为：

第 1 章介绍柱形图的商务应用案例，共有 8 个案例，包括季度营销图的制作、销售趋势预测图、成交量变动分析图和库存情况统计图等商务图表案例的制作。

第 2 章介绍条形的商务应用案例，共有 9 个案例，包括进出口对比图、销售盈亏表、网购退货原因调查图和房企销售排行榜等商务图表案例的制作。

第 3 章介绍折线图的商务应用案例，共有 8 个案例，包括发展趋势预测图、销售达标评核图、成交量环比增长图和用户规模发展历程图等商务图表案例的制作。

第 4 章介绍散点图的商务应用案例，共有 7 个案例，包括品牌知名度和忠诚度分析图、库龄分析图、销售收入结构图和企业大事记图等商务图表案例的制作。

第 5 章介绍其他 Excel 图表类型的商务应用案例，共有 8 个案例，包括产品合格率变化图、区域销售情况细分图、生产成本对比图和销售业绩排行榜等商务图表案例的制作。

第 6 章介绍动态图表的商务应用案例，共有 7 个案例，包括收入随工龄变化图、动态员工绩效考核图、门店月资金收支图和多商品月销售量统计图等商务图表案例的制作。

本书适合的阅读对象

本书内容丰富，实用性强，适合以下读者：

- 希望掌握Excel 2013图表制作的初学者
- 希望全面了解和掌握Excel 2013商务图表制作的职场人士
- 经常需要使用Excel进行专业数据分析人士
- Excel 2013图表设计制作爱好者
- 大中专院校的学生以及即将进入职场的学生
- 各类培训机构的学员

本书第1~3章由平顶山学院的王亚飞编写，第4~6章由平顶山学院的孔令春编写，其他参与编写的还有陈宇、刘轶、姜永艳、马飞、王琳、张鑫、张喆、赵海波、肖俊宇、李海燕、周瑞、李为民、陈超、杜礼、孔峰。

示例文件下载

本书示例文件下载地址如下：

http://pan.baidu.com/s/1sjmdH3f

如果下载有问题或者对本书有任何疑问，请联系电子邮箱 booksaga@163.com，邮件主题为"Excel商务图表示例文件"。

编者
2015 年 4 月

目 录

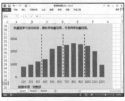
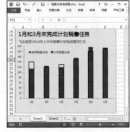
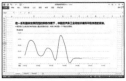

Excel商务图表从零开始学

第1章 商务应用中的柱形图

〔**内容摘要**〕

柱形图也称为直方图,是一种常见的图表类型,其通常用来描述不同时期数据的变化情况,也可以描述不同形象数据之间的差异。柱形图以柱形的高低来表现数据的大小,因此其容易让人理解,并能够将数据结构以直观的形式呈现给读者。在实际商务应用中,柱形图的应用十分广泛,常用来表现不同时期、不同类别数据的变化和差异,如描述不同时期的生成指标、产品质量分布、产量分析、库存记录、销售业绩考核等诸多方面情况。

案例1 季度营销图

在对销售情况进行分析时,可以使用柱形图来呈现一段时间内一个或多个项目的销售状态。此时在呈现数据时,图表中往往需要数据按照时间分段显示。例如,在分析一年的销售情况时,按季度来划分数据区域,这样图表更直观,销售受季节的影响情况也能够清晰表现。下面介绍一个季度营销图的制作过程。

步骤 1 启动Excel 2013,打开数据表,在数据表中选择数据区域。打开"插入"选项卡,在"图表"组中单击"插入柱形图"按钮,在打开的列表中选择"簇状柱形图"选项,如图1-1所示。

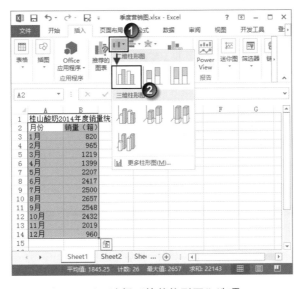

图1-1 选择"簇状柱形图"选项

2 使用鼠标将图表的标题拖放到图表区的左侧，将插入点光标放置到标题文本框中，输入主副标题文字，如图1-2所示。框选文字，在"开始"选项卡中设置文字的字体、大小、颜色和对齐方式，如图1-3所示。使用相同的方法对副标题文字进行设置，如图1-4所示。

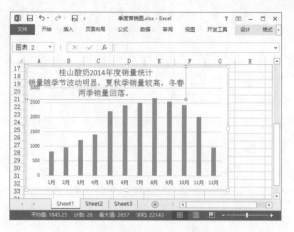

图1-2　在标题文本框中输入文字

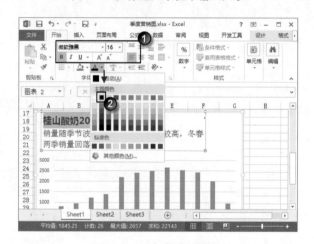

图1-3　对文字进行设置

图1-4　对副标题文字进行设置

3 单击图表区，拖动图表区边框上的控制柄调整图表区的大小，如图1-5所示。在图表下方的空白区域放置文本框，添加说明文字。选择文本框，对文字的格式进行设置，如图1-6所示。分别选择图表中的垂直轴和水平轴，设置坐标轴文字格式，如图1-7所示。

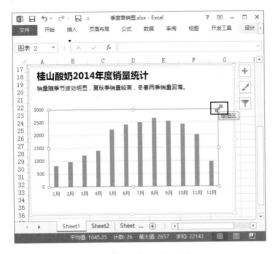

图1-5　调整图表区的大小

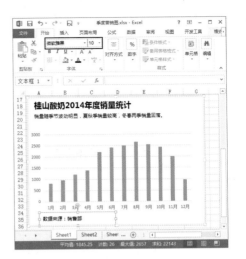

图1-6　对文字格式进行设置

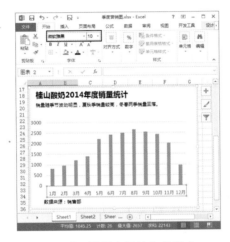

图1-7　设置坐标轴文字格式

X　**4**　右击图表中的纵坐标轴，选择关联菜单中的"设置坐标轴格式"命令，打开"设置坐标轴格式"窗格，在"坐标轴选项"设置栏中的"主要"文本框中输入数值1000，纵坐标轴数据将以1000为单位显示，如图1-8所示。

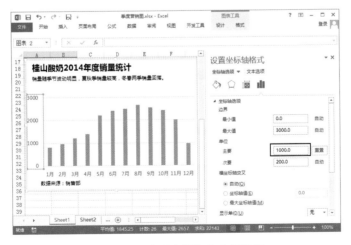

图1-8　更改"主要"文本框的值

5 选择图表中的数据系列，在"设置数据系列格式"窗格的"系列选项"设置栏中更改"分类间距"值调整数据系列的间距，这样同时可以调整数据系列的宽度，如图1-9所示。打开"填充线条"选项卡，设置数据系列的填充颜色，如图1-10所示。

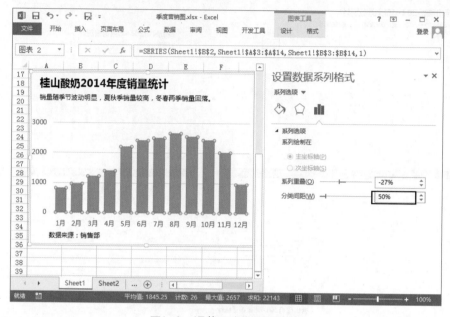

图1-9　调整"分类间距"值

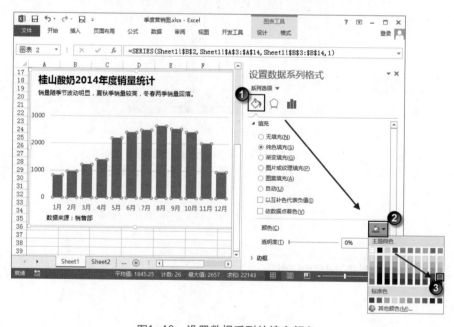

图1-10　设置数据系列的填充颜色

6 在图表中选择水平网格线，在线条设置栏中将网格线设置为"短划线"，如图1-11所示。选择图表中的图表区，设置图表区的填充颜色，如图1-12所示。完成对图表的设置后，对图表区、文字以及图表的大小和位置进行调整。

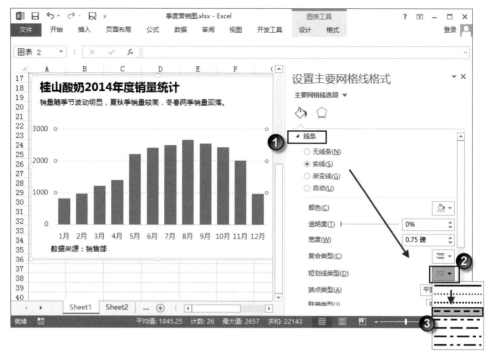

图1-11　设置网格线

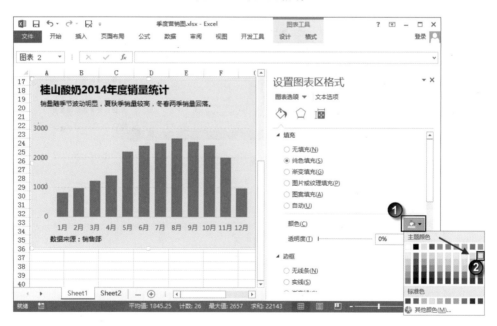

图1-12　设置图表区填充颜色

X区 7 在"插入"选项卡的"插图"组中单击"形状"按钮,在打开的列表中选择"直线"选项,如图1-13所示。拖动鼠标在图表中绘制直线,右击绘制的直线,选择关联菜单中的"设置对象格式"命令,打开"设置形状格式"窗格。在"线条"设置栏中设置直线的颜色和宽度,如图1-14所示。将直线设置为短划线,如图1-15所示。

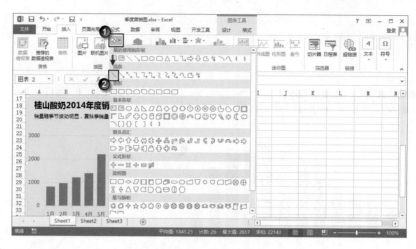

图1-13　选择直线

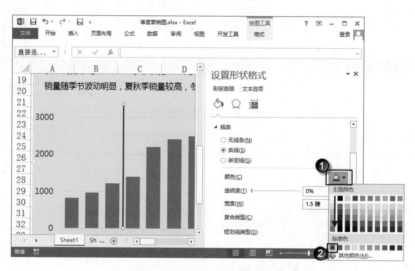

图1-14　设置直线的颜色和宽度

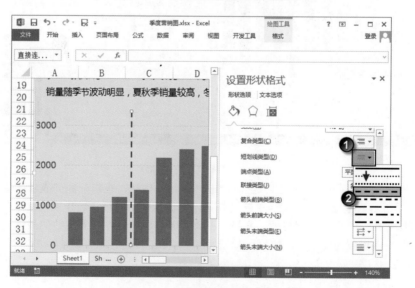

图1-15　将直线设置为短划线

X 8 按住"Ctrl"键拖动直线到需要的位置获得该直线的副本，将直线复制两个放置到需要的位置，如图1-16所示。使用文本框输入文字，设置文字的字体、大小和颜色，如图1-17所示。复制文本框并将其放置到需要的位置，修改文本框中文字的内容。本案例制作完成后的效果，如图1-18所示。

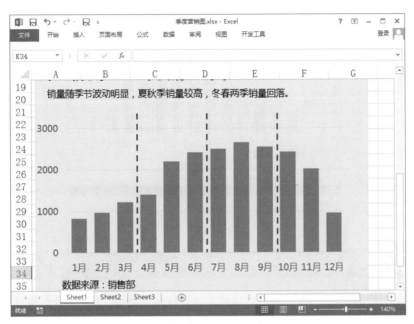

图1-16 复制直线并放置到需要的位置

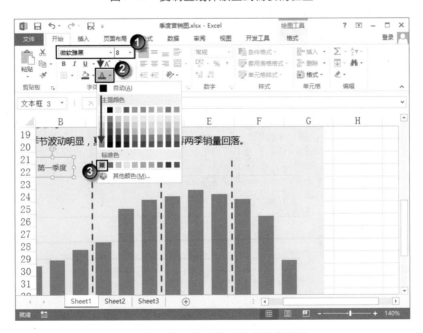

图1-17 输入文字并对文字进行设置

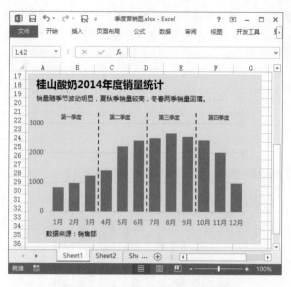

图1-18　案例制作完成后的效果

案例2　营收结构分析图

　　管理者在对数据进行分析时，不仅仅需要关注于数据的增减，更需要重视数据内部结构的变化情况。如经营者在对企业经营状况进行分析时，不仅仅要分析企业营业收入的增减，还应关注收入结构的改变。为了能够直观地展示结构的变化信息，在创建图表时可以使用堆积柱形图。本案例图表在制作时需要一个辅助数据系列，利用这个辅助数据系列的数据标签来显示销售额的总计值，案例通过堆积柱形图来直观显示各季度营收结构情况。下面介绍案例的制作步骤。

1 启动Excel 2013并打开工作表，在"插入"选项卡的"图表"组中单击"插入柱形图"按钮，在打开的列表中选择"堆积柱形图"选项插入堆积柱形图，如图1-19所示。

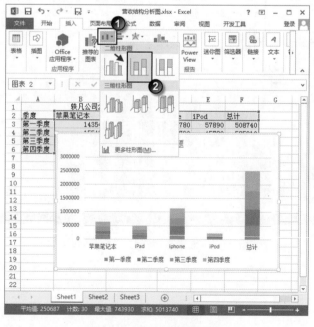

图1-19　插入堆积柱形图

X❷ 此时生成图表的行列与实际希望的行列相反，需要对其进行调整。选择图表，在"设计"选项卡的"数据"组中单击"切换行/列"按钮切换图表行列，如图1-20所示。选择图表中图例项，按"Delete"键将其删除。

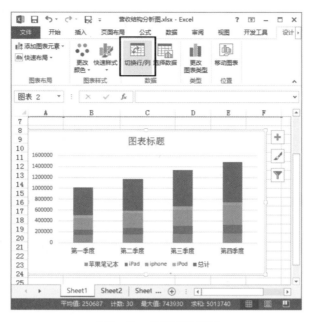

图1-20 切换图表行列

X❸ 在图表中选择"总计"数据系列，单击图表框上的"图表元素"按钮，在打开的列表中勾选"数据标签"复选框为该数据系列添加数据标签，如图1-21所示。右击该数据系列，选择关联菜单中的"设置数据系列格式"命令，打开"设置数据系列格式"窗格。在"填充线条"选项卡中单击"无填充"单选按钮，取消数据系列的填充，如图1-22所示。选择数据标签，在"设置数据标签格式"窗格中的"标签选项"选项卡中单击"轴内侧"单选按钮使数据标签贴近数据系列的底部，如图1-23所示。

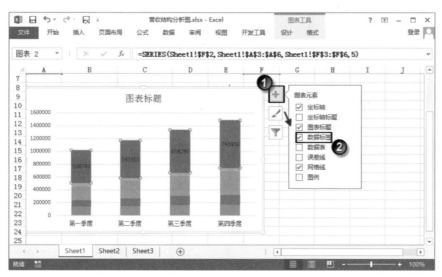

图1-21 为"总计"数据系列添加数据标签

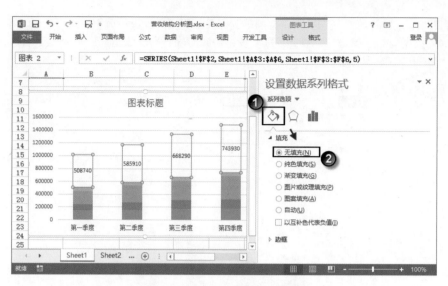

图1-22　取消数据系列的填充

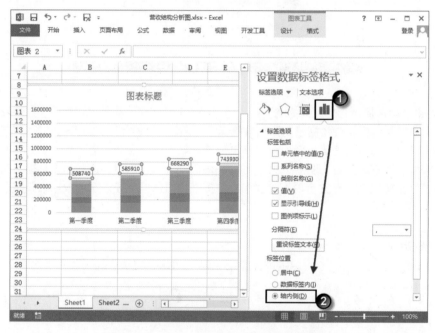

图1-23　使数据标签贴近数据系列底部

STEP 4 选择图表中的一个数据系列，在"设置数据系列格式"窗格的"填充线条"选项卡中设置数据系列的填充颜色，如图1-24所示。展开"边框"设置栏，设置边框线颜色和宽度，如图1-25所示。打开"效果"选项卡，为数据系列添加预设阴影效果并对效果进行设置，如图1-26所示。对其他数据系列应用相同的阴影效果和边框线，使用不同的填充颜色，设置完成后的效果，如图1-27所示。

Excel商务图表从零开始学

图1-24　设置数据系列的填充颜色

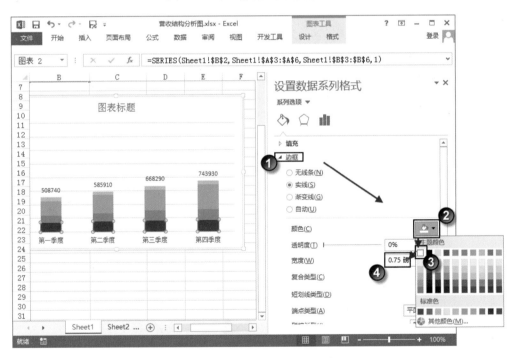

图1-25　设置边框颜色和宽度

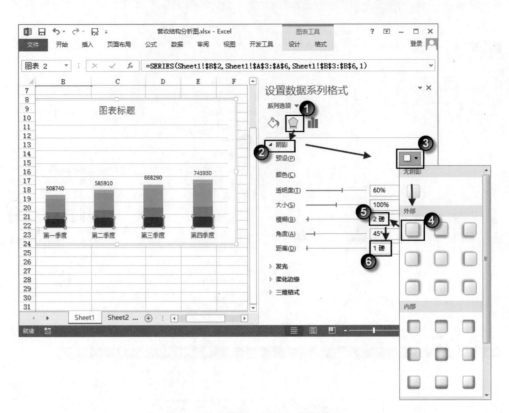

图1-26　为数据系列添加阴影效果

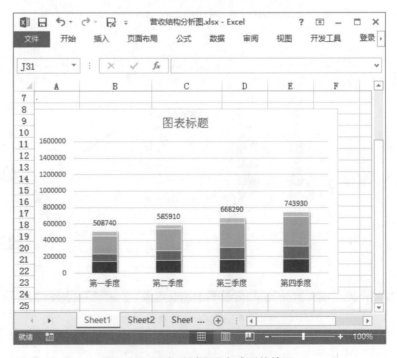

图1-27　图表系列设置完成后的效果

X 5 选择垂直轴，在"设置坐标轴格式"窗格中对坐标轴的最大值和刻度单位进行设置，如图1-28所示。在"显示单位"列表中选择"10000"选项，同时取消"对在图表上显示刻度单位标签"复选框的勾选。此时，图表中的数据标签显示的数据将以万为单位，如图1-29所示。

Excel商务图表从零开始学

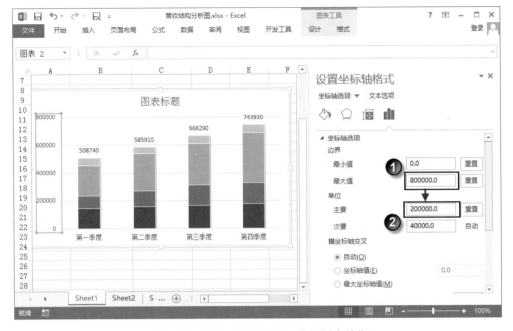

图1-28　设置垂直轴的最大值和刻度单位

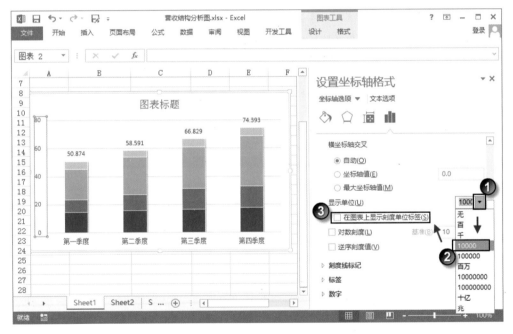

图1-29　使数据以万为单位显示

X | 6 按"Delete"键删除垂直轴，单击表格边框上的"图表元素"按钮，在打开的列表中取消"网格线"复选框的勾选使图表中不显示网格线，如图1-30所示。将图表的标题栏移到图表左侧，输入文字并对文字分别进行设置，如图1-31所示。在图表中绘制连接线，在连接线后放置文本框并输入说明文字，如图1-32所示。选择所有的连接线，将线条颜色设置为黑色并设置线条宽度，如图1-33所示。

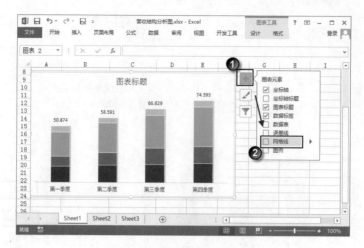

图1-30　取消网格线的显示

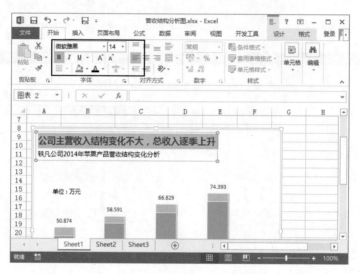

图1-31　输入文字并对文字进行设置

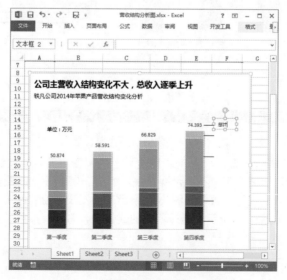

图1-32　绘制连接线并输入说明文字

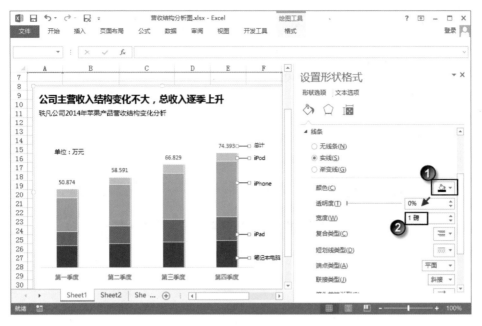

图1-33　设置连接线样式

7 依次选择图表中的数据系列，为数据系列添加数据标签。选择添加的数据标签后，设置文字的字体、大小和颜色，如图1-34所示。选择图表，在"设置图表区格式"窗格中设置图表区的填充颜色，如图1-35所示。本案例制作完成后的效果，如图1-36所示。

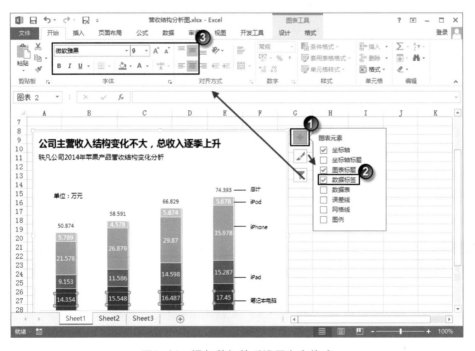

图1-34　添加数标签后设置文字格式

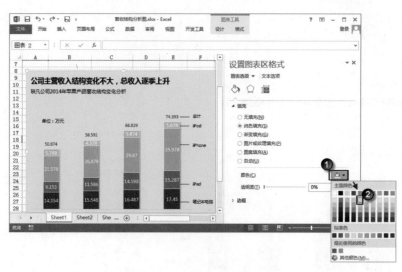

图1-35　设置图表区填充颜色

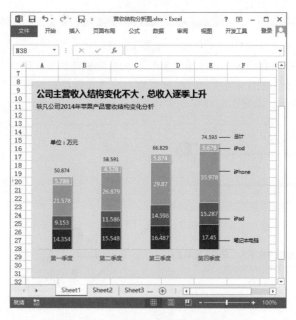

图1-36　本案例制作完成后的效果

案例3　销售额分类对比图

在对销售数据进行分析时，不仅需要了解数据的大小，还需要了解不同类型商品的总体销售情况，对不同类型的商品的销售情况进行分类，为管理者下一阶段销售安排提供决策的依据。下面介绍一个销售额分类对比图的制作过程，这个图表将展示电脑类商品总体销售与手机销售情况对比。图表将通过设置使堆积柱形图与柱形图并排放置，以便于数据的比较。

X 1 启动Excel 2013并打开数据表，选择数据区域后插入一个堆积柱形图，如图1-37所示。选择图表中的名为"手机销售额"的数据系列，打开"设置数据系列格式"窗格。在"系列选项"选项卡中单击"次坐标轴"单选按钮，如图1-38所示。选择出现的次坐标轴，在"设置坐标轴格式"窗格的"坐标轴选项"选项卡中将坐标轴的最大值设置得与主坐标轴相同，如图1-39所示。

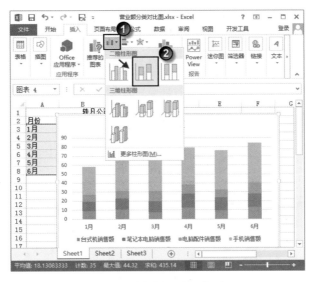

图1-37 选择插入堆积柱形图

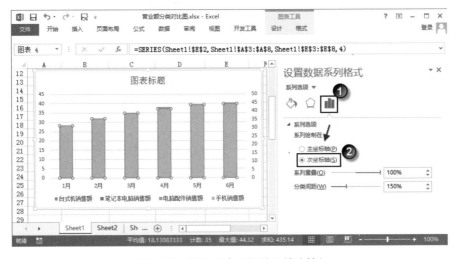

图1-38 单击"次坐标轴"单选按钮

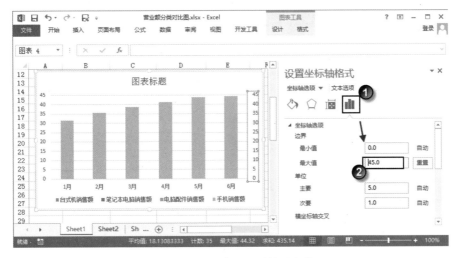

图1-39 设置次坐标轴的最大值

2 右击图表，选择关联菜单中的"选择数据"命令，打开"选择数据源"对话框。在对话框中单击"添加"按钮，如图1-40所示。此时将打开"编辑数据系列"对话框，在对话框的"系列名称"输入框中输入数据系列名称，在"系列值"输入框中输入数字0，如图1-41所示。单击"确定"按钮关闭"编辑数据系列"对话框，在"选择数据源"对话框的"图例项（系列）"列表中选择新添加的数据系列，单击"上移"按钮将其移到列表的顶层，如图1-42所示。完成设置后单击"确定"按钮关闭"选择数据源"对话框。

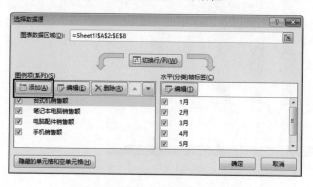

图1-40　选择"数据源"对话框　　　　　　　图1-41　"编辑数据系列"对话框

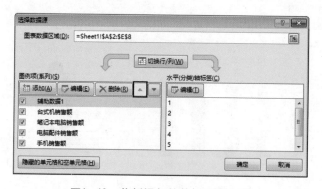

图1-42　将新添加的数据系列上移

3 再次选择"手机销售额"数据系列，在"设置数据系列格式"窗格中设置"系列重叠"和"分类间距"的值，如图1-43所示。选择图表中的次坐标轴，按"Delete"键将它们删除。选择图表中的垂直轴，在"设置坐标轴格式"窗格中对坐标轴格式进行设置，如图1-44所示。

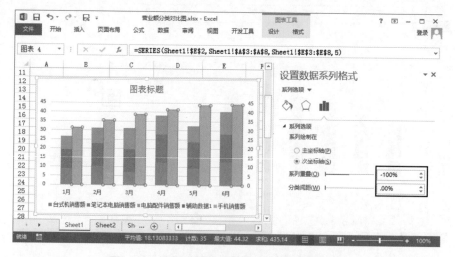

图1-43　设置"系列重叠"和"分类间距"值

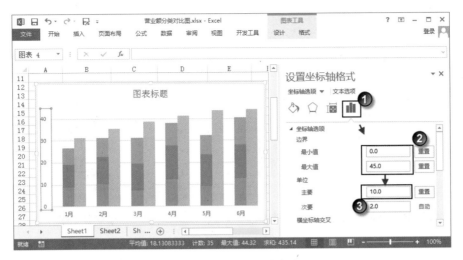

图1-44 设置坐标轴格式

X 4 选择图表，在"设置图表区格式"窗格中设置图表区填充颜色，如图1-45所示。依次选择图表中的各个数据系列，为数据系列添加白色的边框线，如图1-46所示。将网格线设置为点划线，并设置线条的颜色，如图1-47所示。

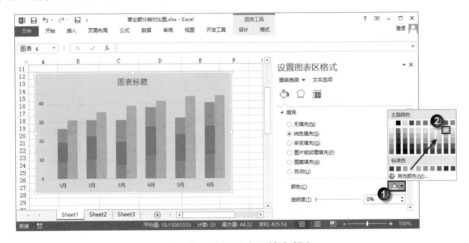

图1-45 设置图表区填充颜色

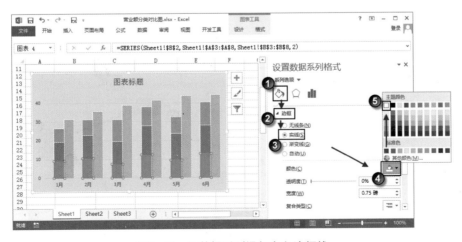

图1-46 为数据系列添加白色边框线

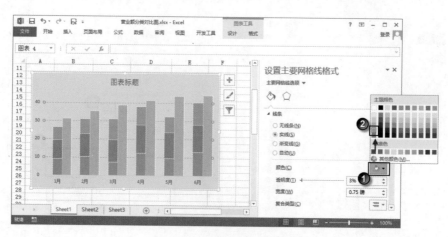

图1-47　设置网格线颜色

 5 选择图表中的横坐标轴，设置坐标轴线条颜色，如图1-48所示。打开"坐标轴选项"选项卡，为坐标轴添加向内的刻度标记，如图1-49所示。为图表中的数据系列添加数据标签，如图1-50所示。依次拖动每一个"手机销售额"数据系列中的数据标签，将它们放置到数据系列的顶端。

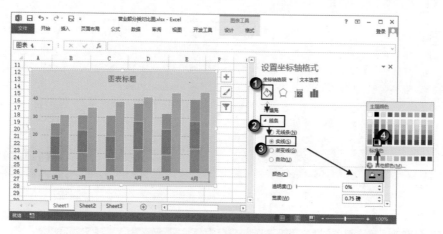

图1-48　设置坐标轴线条颜色

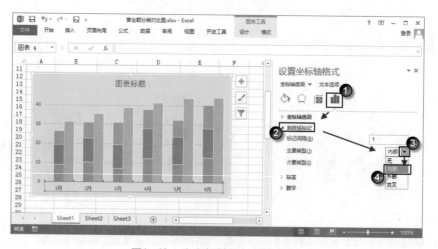

图1-49　为坐标轴添加刻度标记

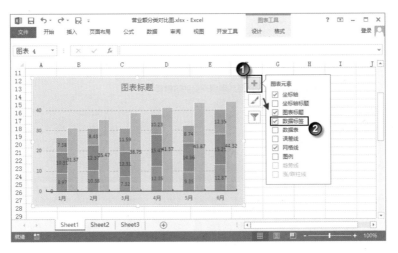

图1-50　添加数据标签

X 步骤 6 将标题文本框放置到图表的左侧，输入文字，分别选择文字对文字的格式进行设置，文字的颜色均设置为黑色，如图1-51所示。在图表中添加图例，如图1-52所示。在图例框中单击选择"辅助数据1"图例项，按"Delete"键将其删除。将图例拖放到标题文字下方，调整图表区、绘图区和图例的大小，如图1-53所示。案例制作完成后的效果，如图1-54所示。

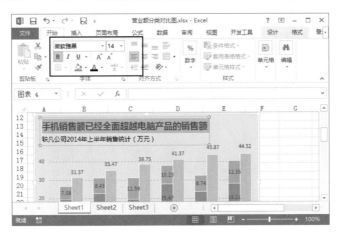

图1-51　对选择文字的格式进行设置

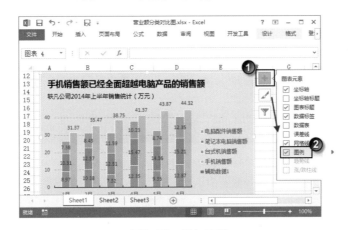

图1-52　添加图例

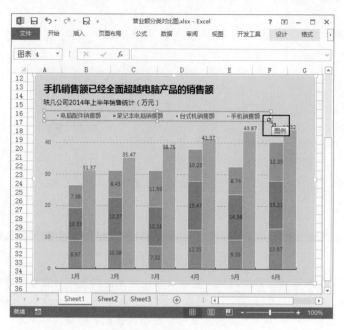

图1-53　调整对象大小

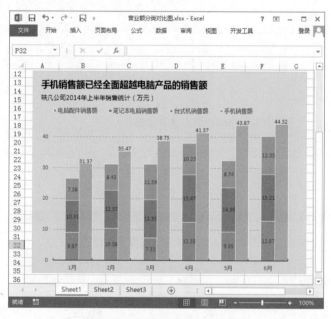

图1-54　案例制作完成后的效果

案例4　销售趋势预测图

　　在商务报表中，经常需要通过已有的数据对未来的趋势进行预测，预测的结果以直观形象的形式呈献给读者。在图表中呈现这些数据时，为了避免歧义，往往需要对预测数据使用特殊的样式，将这些数据与真实的数据区分开来。实现这种数据区分的方式很多，下面就通过一个使用柱形图的案例来介绍创建这种趋势预测图的方法。在本案例中，表示预测数据的柱形将放置到一个浅色的矩形区域中。

1 启动Excel 2013并打开工作表，本工作表是一个销量统计和预测表，前三个季度数据为实际销售数据，最后一个季度的数据是预测值。在创建柱形图时，需要将最后这三个月的数据特别标记出来。在工作表中添加一个辅助列，在辅助列中添加数据。这里，在需要强调的值所对应的单元格中输入略大于这3个值的数据，其他的单元格均输入数字0，如图1-55所示。

图1-55　在工作表中添加辅助列

2 基于工作表中的数据创建柱形图，删除图表中的图例，为图表添加标题和注释文字，设置文字的样式。打开"设置图表区格式"窗格设置图表区的填充颜色，如图1-56所示。

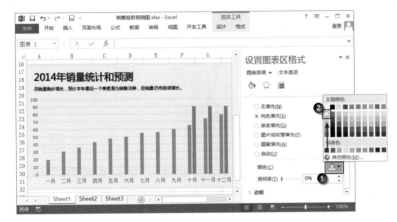

图1-56　创建图表并设置图表填充颜色

3 选择辅助列数据系列，在"设置数据系列格式"窗格中单击"系列选项"按钮，单击"次坐标轴"单选按钮，将"分类间距"设置为0%，使数据系列拼合在一起，如图1-57所示。

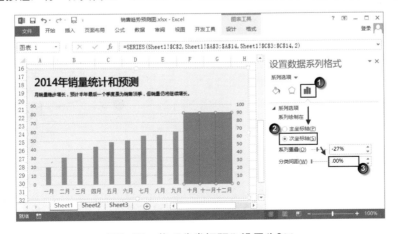

图1-57　将"分类间距"设置为0%

4 在"设置数据系列格式"窗格中单击"填充线条"按钮,设置数据系列的填充色,如图1-58所示。将"透明度"设置为60%,使图形处于半透明状态,如图1-59所示。

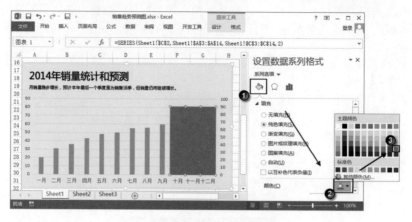

图1-58 设置数据系列的填充色

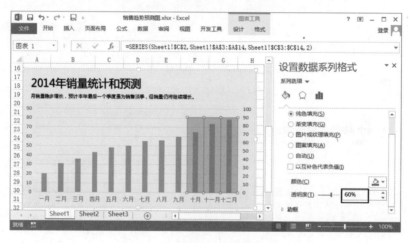

图1-59 设置"透明度"值

5 在图表中选中次要坐标轴,在"设置坐标轴格式"窗格中单击"坐标轴选项"按钮,展开"标签"设置栏,在"标签位置"下拉列表中选择"无"选项使次要纵坐标轴不显示,如图1-60所示。

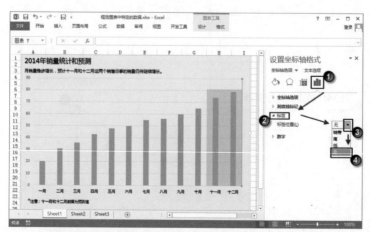

图1-60 在"标签位置"下拉列表中选择"无"选项

6 选择销售量数据系列，在"设置数据系列格式"窗格中单击"系列选项"按钮，拖动"分类间距"滑块调整数据系列的间距，如图1-61所示。

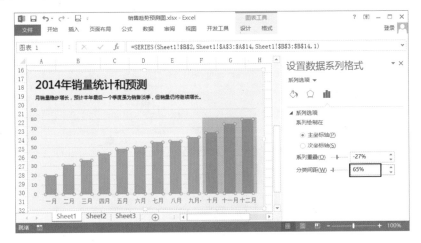

图1-61　调整数据系列的"分类间距"

7 单击"填充线条"按钮，在"填充"设置栏中对数据系列的填充颜色进行设置，如图1-62所示。展开"边框"设置栏，单击"实线"单选按钮为图形添加实线边框。将边框线条颜色设置为白色，线条宽度设置为1.75磅，如图1-63所示。

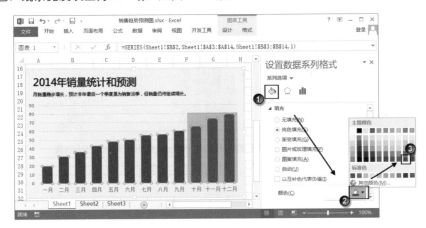

图1-62　设置填充颜色

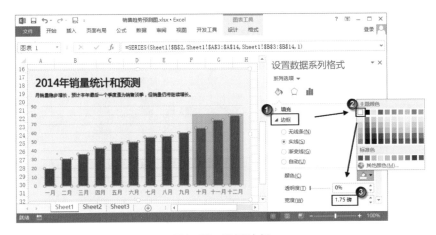

图1-63　设置边框

X 8 单击"效果"按钮，展开"阴影"设置栏，为数据系列添加阴影效果，如图1-64所示。将网格线设置为短划线，如图1-65所示。本案例制作完成后的图表效果，如图1-66所示。

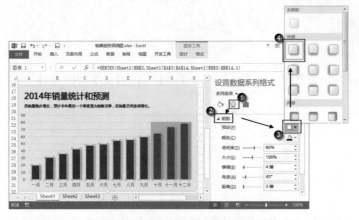

图1-64　为数据系列添加阴影效果

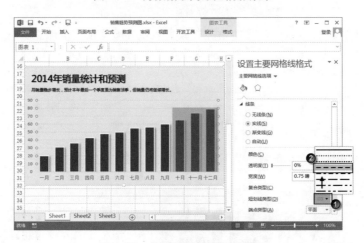

图1-65　将网格线设置为短划线

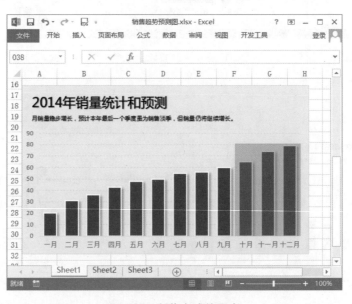

图1-66　制作完成的图表

案例5 / 销售任务完成图

在对数据进行分析时，经常需要将数据进行对比，例如，确定实际销售额是否达到或超过预期销售额、两个部门绩效分数的高低对比或企业近年毛利率和行业平均毛利率的比较等。为了形象直观地反映比较结果，突出预期与实际的对比，让读者更容易读懂，可以使用柱形图嵌套的方法。下面以一个销售任务完成图的制作来介绍具体的制作方法。

Ⅺ 1 启动Excel 2013并打开工作表，创建簇状柱形图，添加标题文字，分别选择标题文本框中的文字，对文字进行设置，如图1-67所示。打开图表区的"设置图表区格式"窗格，设置图表区的填充颜色，如图1-68所示。

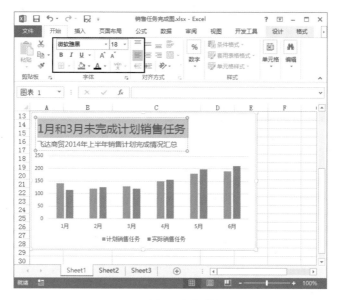

图1-67　对标题文字进行设置

图1-68　设置图表区填充颜色

Ⅺ 2 在图表中选择"计划销售任务"数据系列，在"设置数据系列格式"窗格中单击"系列选项"按钮，单击"次坐标轴"单选按钮，调整"分类间距"的值，调整数据系列间的间距，对间距的调整可以改变数据系列矩形的宽度，如图1-69所示。

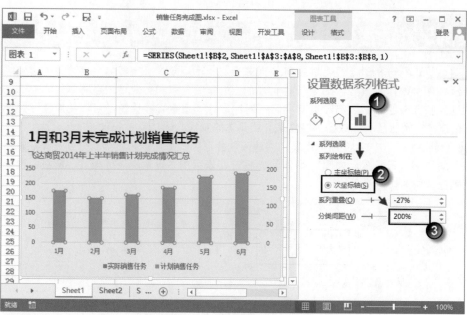

图1-69 设置"系列选项"中的参数

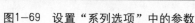

[X][3] 单击"设置数据系列格式"窗格中的"填充线条"按钮,选择"无填充"单选按钮取消图形的填充,选择"实线"单选按钮为图形添加实线边框,将边框线条的颜色设置为黑色,同时根据需要设置边框线条的宽度,如图1-70所示。在图表中选择主要垂直轴,将其"最大值"设置得与次要坐标轴相同,如图1-71所示。选择次要坐标轴,按"Delete"键将其删除。

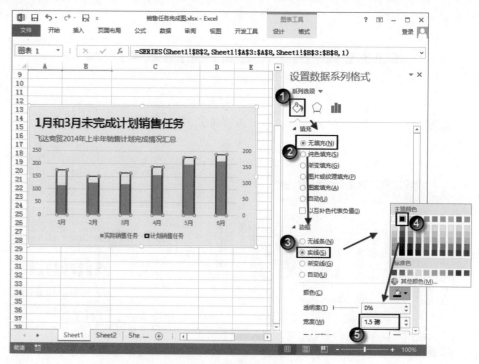

图1-70 设置数据系列的填充方式和线条

图1-71　设置"最大值"

X 4 在图表中选择水平轴，在"设置坐标轴格式"窗格中单击"线条填充"选项卡的"线框"设置栏中的"实线"单选按钮。单击"颜色"按钮，在打开的列表中选择"其他颜色"选项，如图1-72所示。此时将打开"颜色"对话框，在对话框中输入RGB颜色值拾取颜色，如图1-73所示。

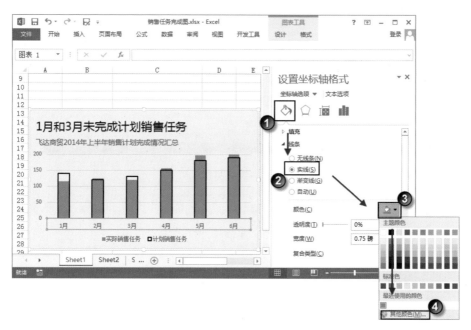

图1-72　选择"其他颜色"选项

图1-73 "颜色"对话框

5 在"设置坐标轴格式"窗格中打开"坐标轴选项"选项卡。在"刻度线标记"设置栏中设置刻度线标记的显示方式,如图1-74所示。使用相同的方式对垂直轴进行设置,同时将"实际销售任务"数据系列的填充颜色设置为深红,如图1-75所示。

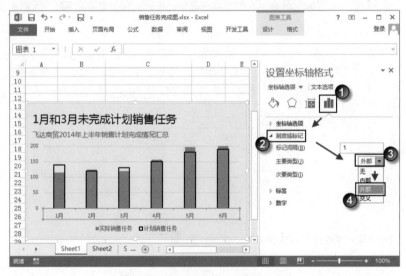

图1-74 设置刻度线的显示方式

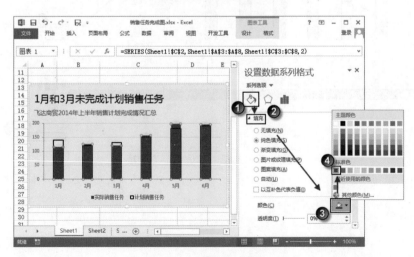

图1-75 设置数据系列填充颜色

6 取消图表中的网格线,如图1-76所示。将图例放置到图表上方,将图例文字的字体设置为"微软雅黑"。至此,本案例制作完成。案例制作完成后的效果,如图1-77所示。

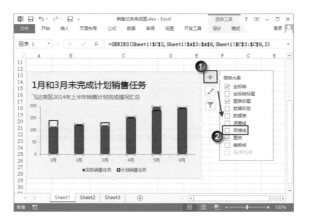

图1-76 取消网格线

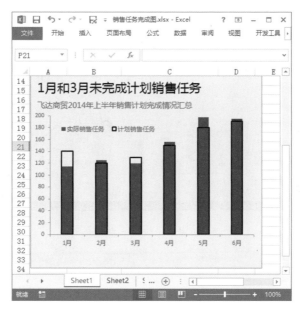

图1-77 案例制作完成后的效果

案例6 企业收入利润分析图

在企业的管理中经常需要对收支和结余情况进行分析,如从营业额中扣除各种费用后纯利润是多少或某个项目经费扣减开支后的结余是多少等。在呈现这类数据时,需要清晰地反映某项数据经过一系列增减变化后成为另一项数据的过程。在商业图表中,使用瀑布图是解决这类问题的一种好的方案。下面通过一个案例来介绍制作柱形瀑布图的具体方法。

1 启动Excel 2013并打开工作表,在工作表的"项目"列和"金额"列间插入一列,在这一列数据区域的第一个和最后一个单元格输入数字0。在该列的B3单元格中输入公式"=$C$2－SUM($C$3:C3)",向下拖动填充柄复制公式,单元格中获得需要的数据,如图1-78所示。公式中使用SUM()函数计算从C3单元格的金额值到当前辅助数据所在行对应的金额值的累积和,然后用C2单元格的营业收入值减去该和得到一个差值。

图1-78　输入公式

 **2** 依据工作表中数据创建一个二维堆积柱形图,右击图表中的水平轴,选择关联菜单中的"设置坐标轴格式"命令,打开"设置坐标轴格式"窗格,取消坐标轴标签的显示,如图1-79所示。选择图表中的垂直轴,对其进行设置,如图1-80所示。

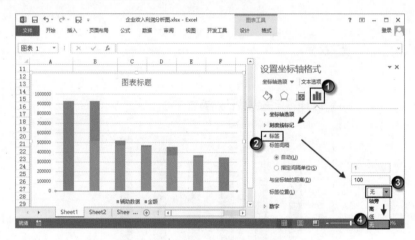

图1-79　取消坐标轴标签的显示

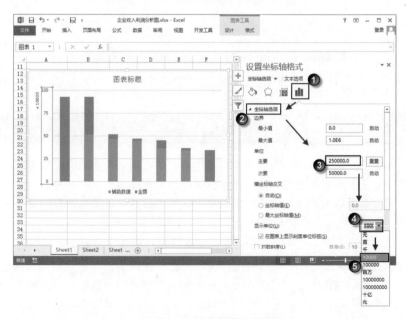

图1-80　对垂直轴进行设置

步骤 3　在图表中选择一个数据系列，将"分类间距"设置为0，如图1-81所示。取消"对辅助数据"数据系列的填充，如图1-82所示。依次选择"金额"数据系列中的每一个数据点，设置其填充颜色，如图1-83所示。

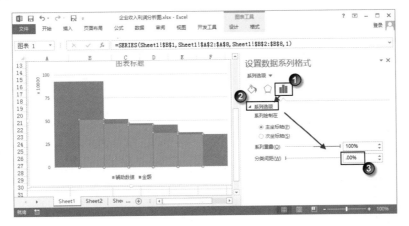

图1-81　设置"分类间距"

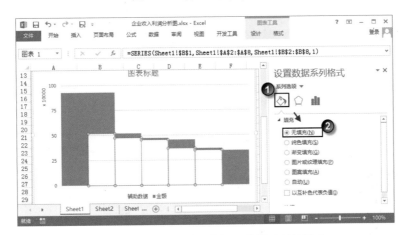

图1-82　取消"对辅助数据"数据系列的填充

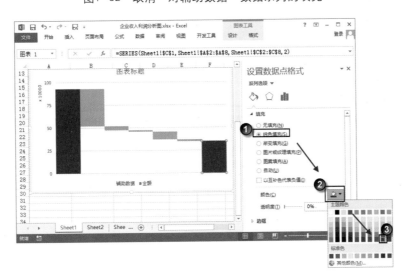

图1-83　设置数据点的填充颜色

STEP 4 为数据系列添加数据标签，设置数据标签文字的字体和大小、在"设置数据标签格式"窗格中取消对"显示引导线"复选框的勾选让数据标签的引导线不显示，如图1-84所示。将网格线设置为点划线，如图1-85所示。

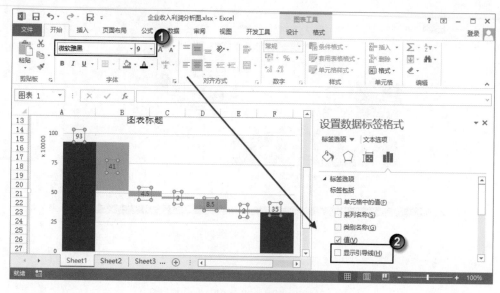

图1-84　设置数据标签

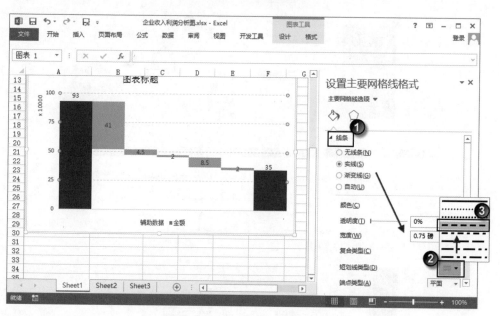

图1-85　设置文字的字体和大小

STEP 5 输入标题文字和相关标注内容，对文字格式进行设置并删除图表中不需要的元素。本案例制作完成的后的效果，如图1-86所示。

Excel商务图表从零开始学

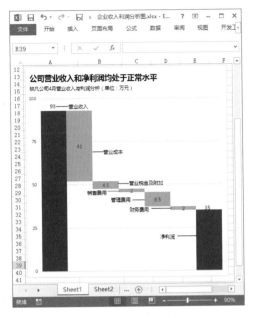

图1-86　案例制作完成的效果

案例7／成交量变动分析图

　　受市场元素的影响，商品的销售量经常会发生波动，为了能够直观形象地表现这种变化，在报告中制作图表时，可以为图表添加标示变化情况的标志符号。下面介绍一个某市各区商品房成交量变动分析图的制作过程，这个案例图表使用柱形图表现各区11月商品房的成交量，在顶部放置箭头来表现成交量与上月相比的增减情况。

1　启动Excel 2013并打开工作表，利用工作表中的数据创建新的数据表，该数据表中的数据将用于绘制图表，如图1-87所示。

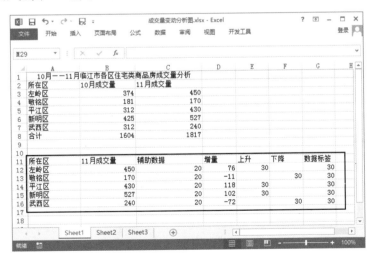

图1-87　创建新的数据表

2　在工作表中选择A11:G16单元格区域，插入二维堆积柱形图。选择插入的图表，在"设计"选项卡的"数据"组中单击"切换行/列"按钮切换行列，如图1-88所示。在图表中选择"增量"数据系列，按"Delete"键将其删除。

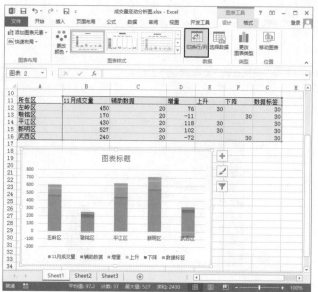

图1-88　切换行列

⚡3 在图表中选择"辅助数据"数据系列，打开"设置数据系列格式"窗格，取消对数据系列的颜色填充，如图1-89所示。使用相同的方法取消对"数据标签"数据系列的颜色填充，为该数据系列添加数据标签，如图1-90所示。

图1-89　取消数据系列的填充

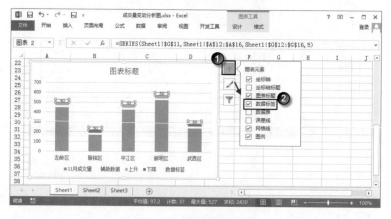

图1-90　添加数据标签

X **4** 在"插入"选项卡的"插图"组中单击"形状"按钮,在打开的列表中选择"三角形",如图1-91所示。拖动鼠标在工作表中绘制一个三角形,设置三角形的形状样式,如图1-92所示。复制三角形,将其垂直翻转,如图1-93所示。

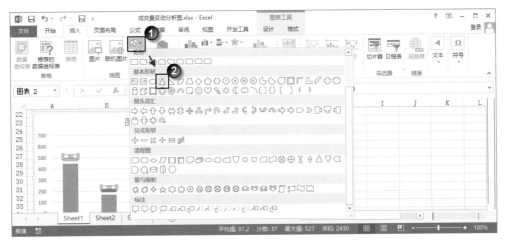

图1-91　选择绘制三角形

图1-92　设置三角形的形状样式

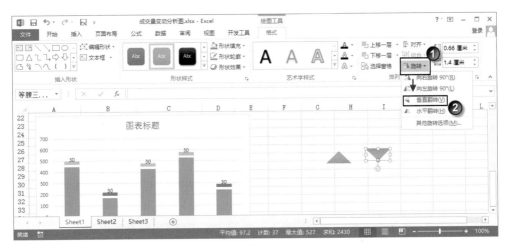

图1-93　垂直翻转三角形

⑤ 按"Ctrl+C"复制向上三角形，在图表中选择"上升"数据系列，按"Ctrl+V"键将向上三角形粘贴到该数据系列中，如图1-94所示。使用相同的方法将向下三角形粘贴到"下降"数据系列中。设置"11月成交量"数据系列的填充颜色，如图1-95所示。设置图表区的填充颜色，如图1-96所示。

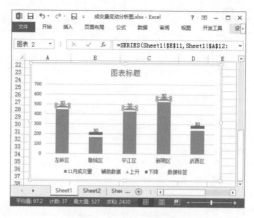

图1-94　粘贴三角形

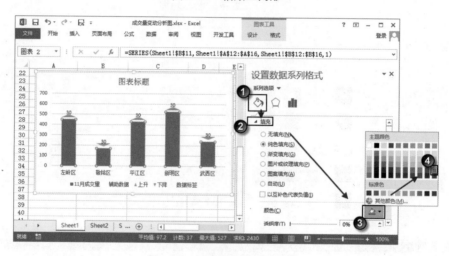

图1-95　设置数据系列的颜色

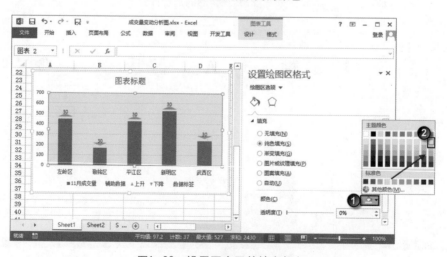

图1-96　设置图表区的填充颜色

X 6 依次更改数据标签中的文字，将字体设置为"微软雅黑"，将数据标签的位置设置为"轴内侧"，如图1-97所示。输入主标题和副标题文字，设置坐标轴标签文字字体，删除图表的图例。本案例制作完成后的效果，如图1-98所示。

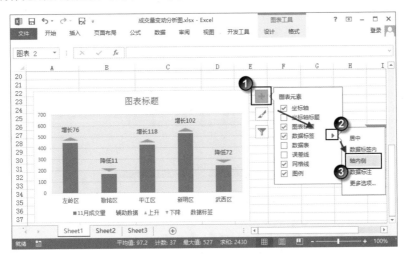

图1-97　设置数据标签的位置

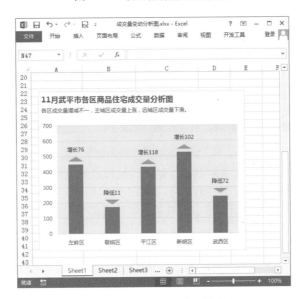

图1-98　案例制作完成后的效果

案例8　库存情况统计图

在销售活动中，经营者往往需要了解库存的情况，以了解当前的销售情况从而决定下一步的经营措施，因此，对库存的监控是经营活动中必不可少的一项工作。下面介绍一个成品油公司库存监控统计表的制作过程，图表将通过形象化的柱形图来展示公司下属油库的库容能力和使用库存容量。在这个案例的图表中，将使用三维圆柱体来表现库容能力，使用置于该三维圆柱体中的透明三维圆柱体来表现实际的库容量。

X 1 启动Excel 2013并打开工作表，基于工作表中的数据创建簇状柱形图，如图1-99所示。选择绘制椭圆形，如图1-100所示。按住"Shift"键拖动鼠标在工作表中绘制一个椭圆形。

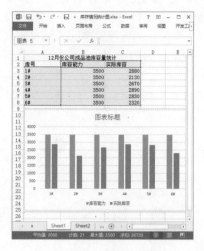

图1-99 创建簇状柱形图

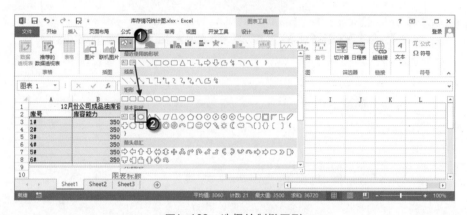

图1-100 选择绘制椭圆形

2 右击绘制的椭圆形,选择关联菜单中的"设置形状格式"命令打开"设置形状格式"窗格。设置圆形的填充颜色并取消图形的边框线,如图1-101所示。打开"效果"选项卡,展开"三维格式"设置栏,为图形添加"顶部棱台"效果,设置顶部棱台效果的"宽度"和"高度"值,如图1-102所示。

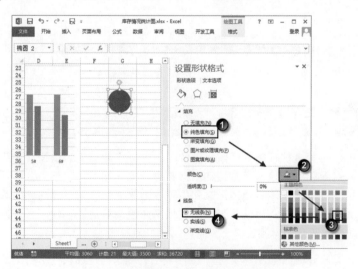

图1-101 设置填充颜色并取消边框线

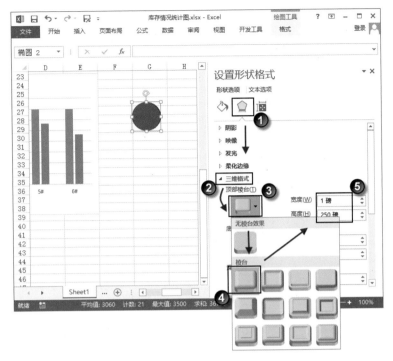

图1-102　添加顶端棱台效果

X 3 展开"三维旋转"设置栏,设置图形的三维旋转角度,如图1-103所示。再次展开"三维格式"设置栏,对"材料"进行设置,如图1-104所示。对"照明"进行设置,如图1-105所示。将"深度"的颜色设置为白色,"大小"设置为6磅,如图1-106所示。

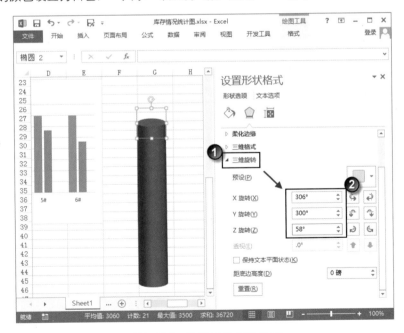

图1-103　设置三维旋转角度

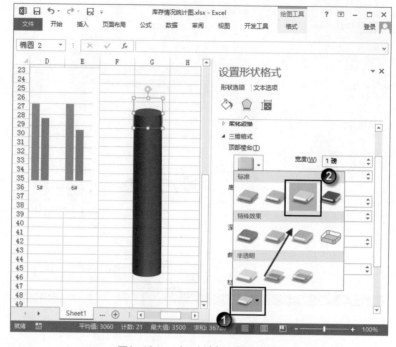

图1-104 对"材料"进行设置

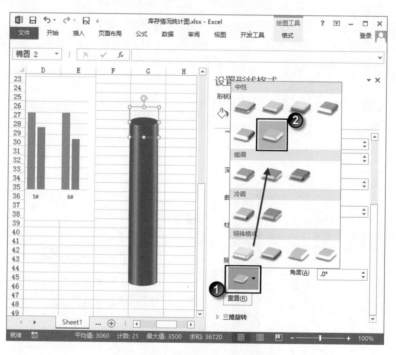

图1-105 对"照明"进行设置

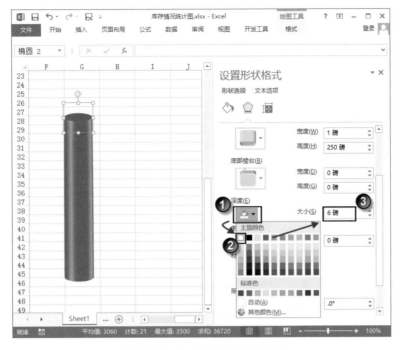

图1-106 对"深度"进行设置

X 4 复制绘制的图形,将"深度"的"大小"值设置为0磅。设置图形填充的填充颜色和"不透明度"值,如图1-107所示。将获得的2个圆柱分别粘贴到图表中"库容能力"和"实际库容"数据系列中,如图1-108所示。

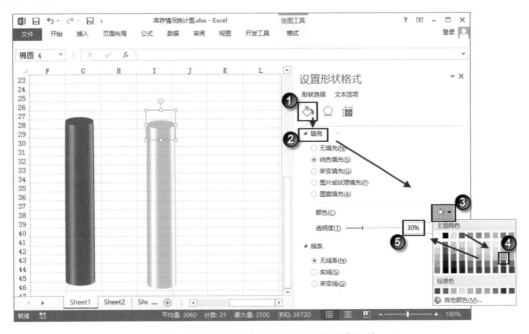

图1-107 设置填充颜色和"不透明度"值

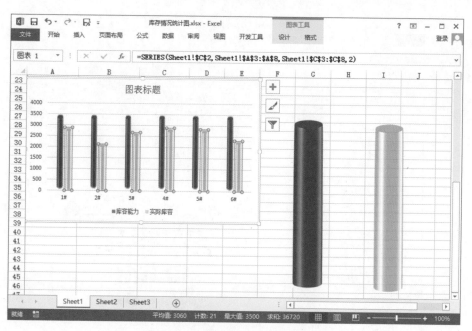

图1-108　将图形粘贴到数据系列中

 在图表中选择任意一个数据系列，设置其"系列重叠"值和"分类间距"值，如图1-109所示。对图表区应用渐变填充，如图1-110所示。设置渐变的"类型"和"方向"，如图1-111所示。

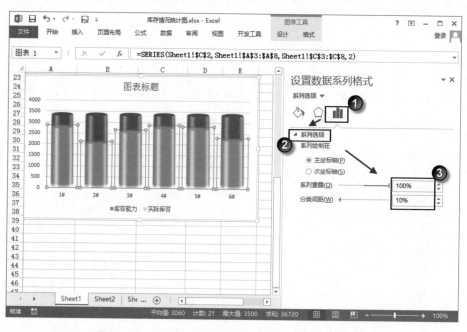

图1-109　设置其"系列重叠"值和"分类间距"值

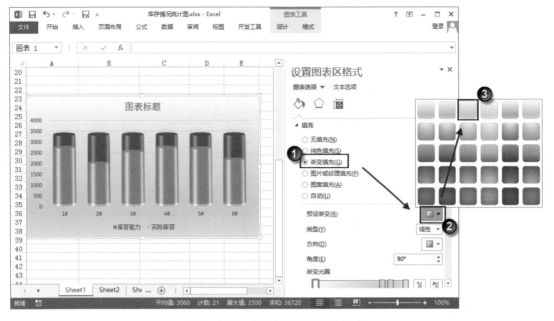

图1-110 对图表区应用渐变填充

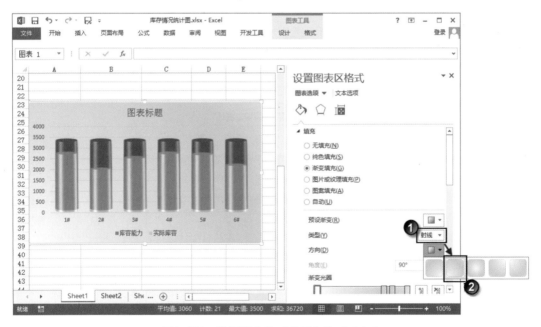

图1-111 设置渐变的"类型"和"方向"

X 6 在图表中添加相关文字并对文字格式进行设置，删除图表中的图例。调整图表区的大小，为"实际库容"数据系列添加数据标签，如图1-112所示。将数据标签的文字设置为白色并将文字字体设置得与标题文字相同。案例制作完成后的效果，如图1-113所示。

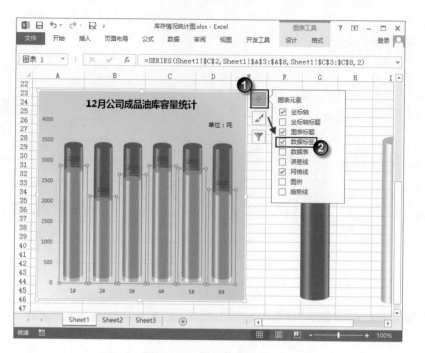

图1-112　添加数据标签

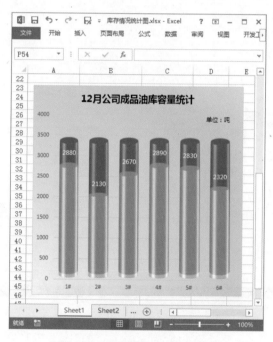

图1-113　案例制作完成后的效果

第2章 商务应用中的条形图

〔内容摘要〕

条形图与柱形图很相似，可以看作是将柱形图旋转90°得到的图表，使用水平的横条来表现数据的大小关系。条形图非常适合于数据比较，其能够解决需要柱形图无法解决的问题。从布局上来说，条形图是横向排列的，在数据标签较长、数据点较多或者需要在数据点上添加文字说明时，条形图的横向布局有其独特的优势，因此其同样是商业图表中的一种常见类型。

案例1 / 进出口对比图

　　直观展示数据的大小以实现数据的对比是制作图表的基本要求，使用图表表现数据对比的方式很多，不同的应用场合可以使用不同的图表类型。下面介绍一个利用条形图来表现数据对比的案例，这个案例利用条形图展示近5年汽车进出口情况，相同年份的进口和出口数据在同一行上下显示，利于表现它们的大小关系。

X 1 启动Excel 2013，打开数据表，在数据表中选择数据区域。打开"插入"选项卡，在"图表"组中单击"插入条形图"按钮，在打开的列表中选择"簇状条形图"选项，如图2-1所示。

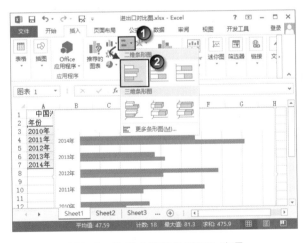

图2-1　选择"簇状条形图"选项

X 2 在图表中选择"进口"数据系列，打开"设置数据系列格式"窗格，将数据系列绘制到次坐标轴，如图2-2所示。选择出现的次坐标轴，打开"坐标轴选项"选项卡，设置坐标轴的最大值和最小值，这里对最大值和最小值的设置使0值位于坐标轴的中心。勾选"逆序刻度值"复选框，如图2-3所示。选择主要横坐标轴，将其最大值和最小值设置得与次坐标轴相同，如图2-4所示。

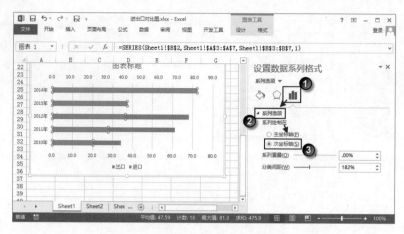

图2-2　将数据系列绘制到次坐标轴

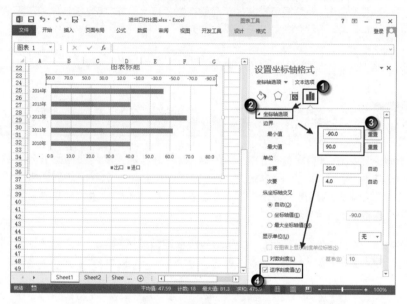

图2-3　设置次坐标轴

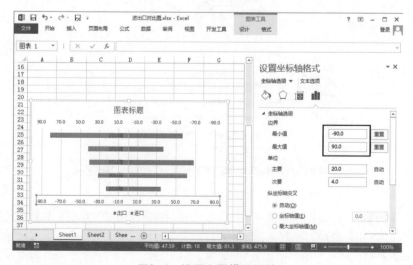

图2-4　设置主要横坐标轴

3 选择图表中的垂直轴，在"设置坐标轴格式"窗格中将"标签位置"设置为"低"，使标签显示在绘图区左侧，如图2-5所示。将垂直坐标轴的线条颜色设置为黑色，宽度设置为1.5磅，如图2-6所示。

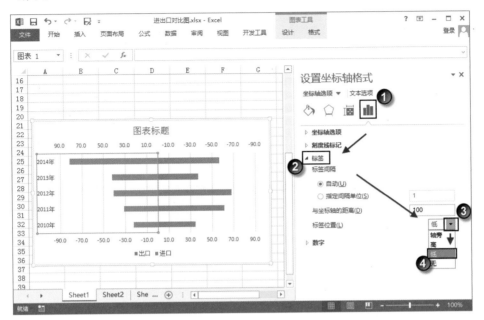

图2-5　设置垂直坐标轴标签的位置

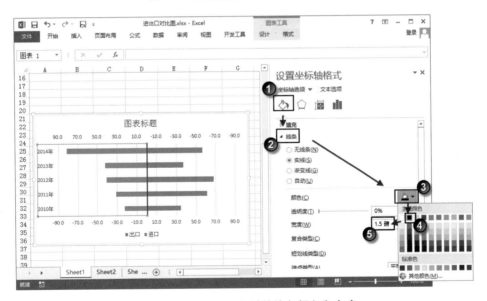

图2-6　设置垂直坐标轴的线条颜色和宽度

4 分别选择图表中的2个数据系列，调整"分类间距"值以调整数据系列的宽度，如图2-7所示。分别设置数据系列的填充颜色，如图2-8所示。为数据系列添加数据标签并指定数据标签的位置，如图2-9所示。将右侧数据标签文字的颜色设置为白色，如图2-10所示。

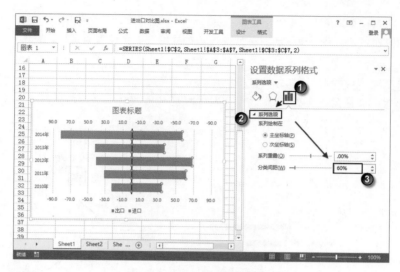

图2-7　调整数据系列的宽度

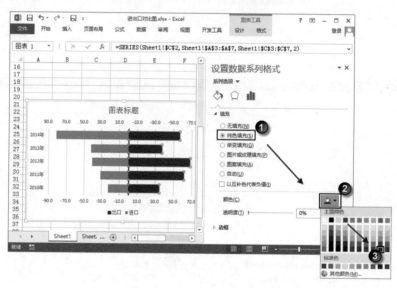

图2-8　设置数据系列填充颜色

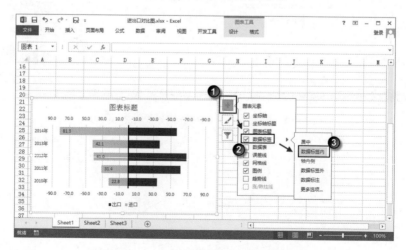

图2-9　添加数据标签并指定位置

Excel商务图表从零开始学

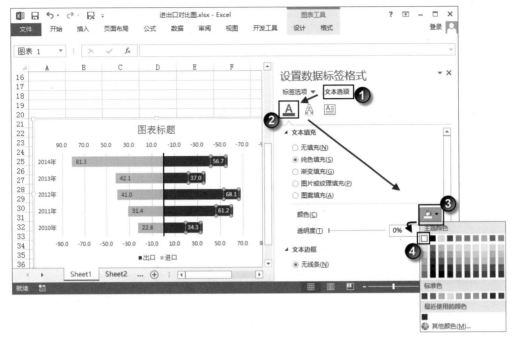

图2-10　将右侧数据标签文字颜色设置为白色

X 5 设置图表区填充颜色，如图2-11所示。取消图表中的横坐标轴并删除主要横坐标轴和次要横坐标轴，以及网格线，如图2-12所示。在图表中添加相关文字，设置文字格式。案例制作完成后的效果，如图2-13所示。

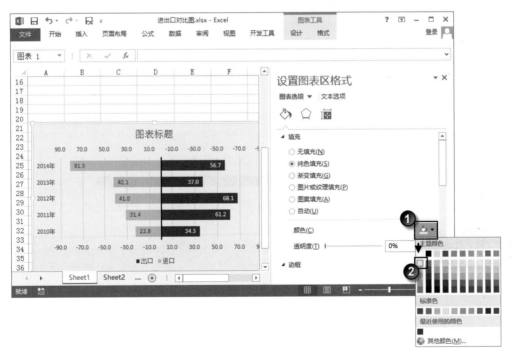

图2-11　设置图表区填充颜色

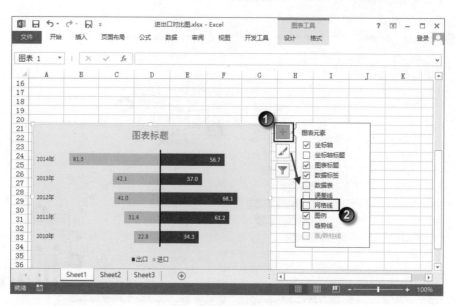

图2-12 删除横坐标轴

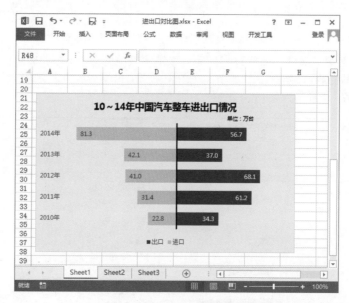

图2-13 案例制作完成后的效果

案例2 销售盈亏表

在企业的经营报告中，各个下属单位的销售盈亏情况是经营者关注的问题。要直观表达这些盈亏数据，常常会使用条形图，在条形图中将盈利和亏损的数据区分开来。此时在条形图中，会出现负值的数据与坐标轴标签发生重叠并覆盖在一起的现象，如果不加处理，图表将显得凌乱甚至难以辨认。对于这种情况，商业图表的常用做法是将坐标轴标签分别放置到坐标轴的两边。下面通过一个公司下辖各门店的销售盈亏表来介绍此类图表的具体制作方法。

1 启动Excel 2013并打开工作表，创建一个"辅助数据"列，该列的数据为"盈利情况"列数据的相反数，如图2-14所示。基于工作表中数据创建一个堆积条形图，如图2-15所示。

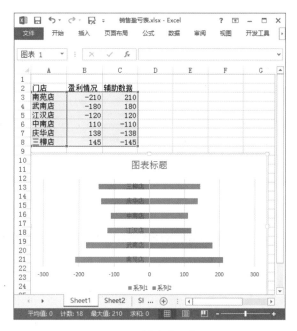

图2-14　创建"辅助数据"列　　　　　　　　图2-15　创建堆积条形图

X 2 在图表中右击垂直坐标轴，选择关联菜单中的"设置坐标轴格式"命令打开"设置坐标轴格式"窗格。展开"标签"设置栏，在"标签位置"下拉列表中选择"无"选项取消坐标轴标签的显示，如图2-16所示。

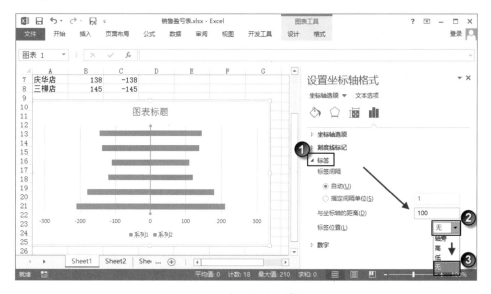

图2-16　取消坐标轴标签的显示

X 3 在图表中选择"辅助数据"数据系列，单击图表框上的"图表元素"按钮，在打开"图表元素"列表中勾选"数据标签"复选框为该数据系列添加数据标签。单击该选项右侧的箭头按钮，在打开的列表中选择"数据标签内"选项使数据标签显示在坐标轴旁，如图2-17所示。

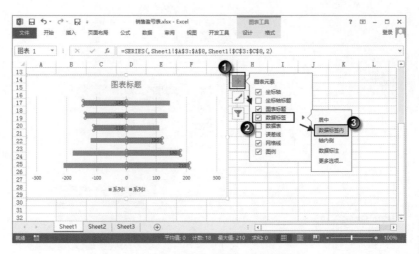

图2-17 为数据系列添加数据标签

 在图表中选择"辅助数据"数据系列,打开"设置数据系列格式"窗格。在窗格中单击"系列选项"按钮,在窗格中设置"分类间距"的值,如图2-18所示。取消对数据系列的填充,如图2-19所示。

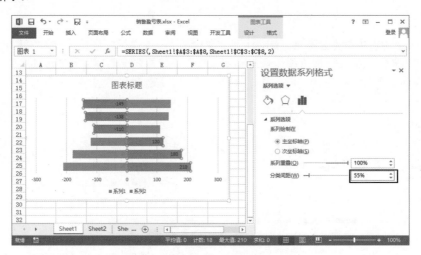

图2-18 设置"分类间距"的值

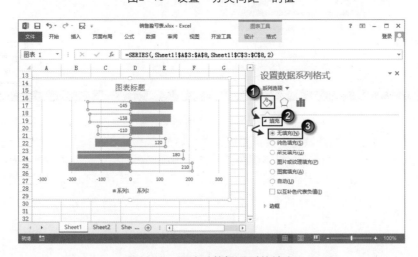

图2-19 取消对数据系列的填充

Excel商务图表从零开始学

5 选择数据标签，在"设置数据标签格式"窗格中单击"标签选项"按钮，展开"标签选项"设置栏，根据需要选择数据标签需要显示的内容。这里，勾选"类别名称"复选框，取消对"值"和"显示引导线"复选框的勾选。图表中的数据标签将只显示类别名称，如图2-20所示。将位于垂直轴右侧的数据标签拖放到靠近坐标轴的位置，如图2-21所示。

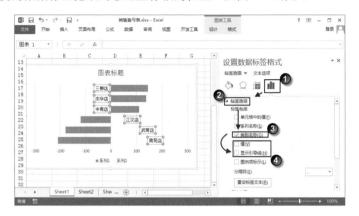

图2-20　数据标签只显示类别名称

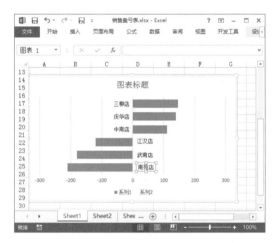

图2-21　将数据标签拖放到靠近坐标轴的位置

6 为图表中显示的数据系列添加数据标签，将文字颜色设置为白色，如图2-22所示。依次将图表中前3个数据系列中的数据标签移到外侧，如图2-23所示。依次选择图表中的数据系列，更改数据系列的填充颜色。这里使右侧数据系列和左侧数据系列的填充颜色不相同，如图2-24所示。

图2-22　设置数据标签文字颜色

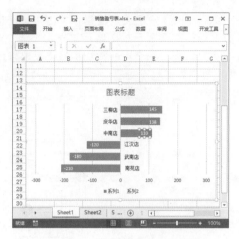

图2-23　将数据标签移到外侧

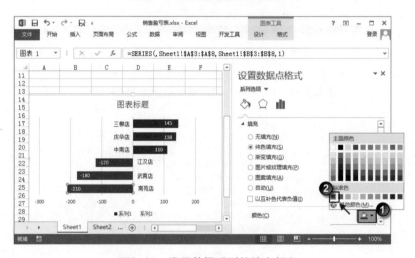

图2-24　设置数据系列的填充颜色

区 7 设置图表区填充色，添加图表标题文字，设置图表中文字的字体。删除网格线、图例和水平轴，将垂直轴线条加粗。案例制作完成后的效果，如图2-25所示。

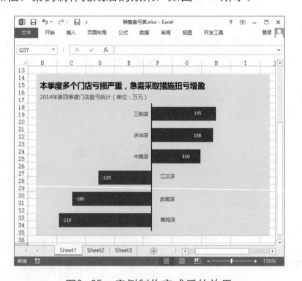

图2-25　案例制作完成后的效果

案例3 网购退货原因调查图

在制作条形图时，由于分类标签文字比较长，分类标签会占据绘图区左侧大片的面积，甚至会出现标签文字显示不完整的情况。对于这类问题，商务图表的常见处理方法是将分类标签放置到数据系列的中间。这样既可以节省横向空间，也能让图表布局紧凑合理。下面通过一个网购退货原因调查图的制作来介绍具体的制作方法。

1 启动Excel 2013并打开工作表，在工作表中插入条形图，如图2-26所示。选择图表中的垂直轴，按"Delete"键将其删除。选择工作表中的数据，按"Ctrl+C"键复制选择的数据。选择图表后按"Ctrl+V"键粘贴数据向图表中添加一个新的数据系列，如图2-27所示。

图2-26　创建条形图

图2-27　向图表中添加数据系列

步骤 2 在图表中选择新添加的数据系列，为其添加数据标签并使数据标签在轴内侧显示，如图 2-28所示。打开"设置数据标签格式"窗格，设置数据标签显示内容。这里通过设置使数据标签只显示分类名称，如图2-29所示。取消数据系列的颜色填充使该数据系列不可见，如图2-30所示。

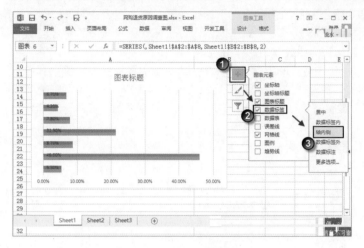

图2-28　添加数据标签

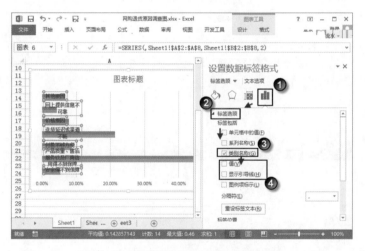

图2-29　使数据标签只显示分类名称

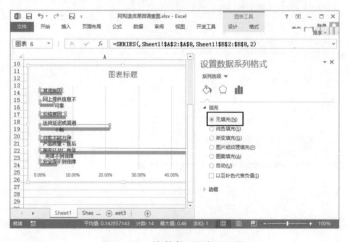

图2-30　使数据系列不可见

Excel商务图表从零开始学

X 3 选择图表中保留的数据系列，设置"分类间距"调整数据系列的宽度，如图2-31所示。选择数据标签，拖动边框上的控制柄调整边框大小使文字完全显示，如图2-32所示。选择所有数据标签，设置文字的字体、大小和对齐方式，如图2-33所示。

图2-31　设置"分类间距"的值

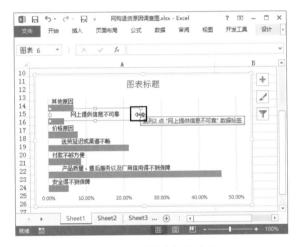

图2-32　调整边框的大小

图2-33　设置文字的字体、大小和对齐方式

X 4 为显示的数据系列添加数据标签并设置其显示位置，如图2-34所示。设置图表区背景颜色，删除图表中的垂直网格线并添加水平网格线，将水平网格线设置为点划线。为图表添加标题和副标题文字。案例制作完成后的效果，如图2-35所示。

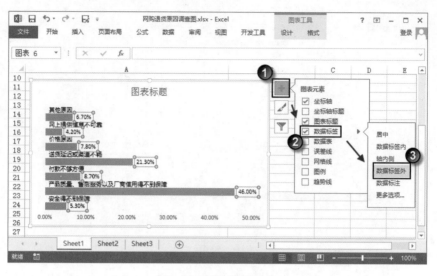

图2-34 添加数据标签

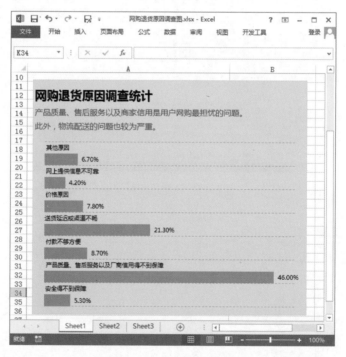

图2-35 案例制作完成后效果

案例4 企业产销率分析图

通过比较不同项目、不同时间或不同环境下的数据，可以找到数据之间的关系，为生产经营活动提供指导。在商业图表中，使用对称条形图是进行数据对比的一种常见的方式。下面通过一个案例来介绍这种商业图表的制作方法。

1 启动Excel 2013并打开工作表，在工作表中插入一个簇状条形图。选项创建簇状条形图。在图表中选择任意一个数据系列，打开"设置数据系列格式"窗格。在窗格中单击"系列选项"按钮，选择"次坐标轴"单选按钮，如图2-36所示。

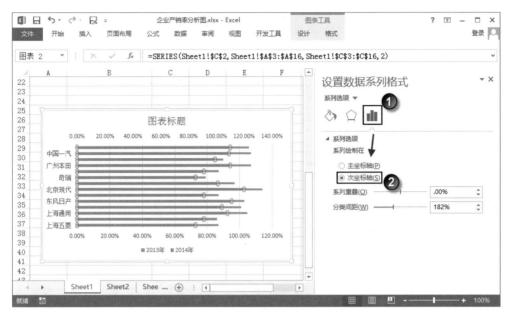

图2-36　选择"次坐标轴"单选按钮

2 选择图表中的垂直坐标轴，在"设置坐标轴格式"窗格中单击"坐标轴选项"按钮，展开"标签"设置项。选择"指定间隔单位"单选按钮，在其后的文本框中输入数值1。图表纵坐标轴上将显示出所有的标签，如图2-37所示。将图表区适当扩大，选择垂直坐标轴后将其设置为"无线条"，如图2-38所示。

图2-37　在垂直轴上显示所有的标签

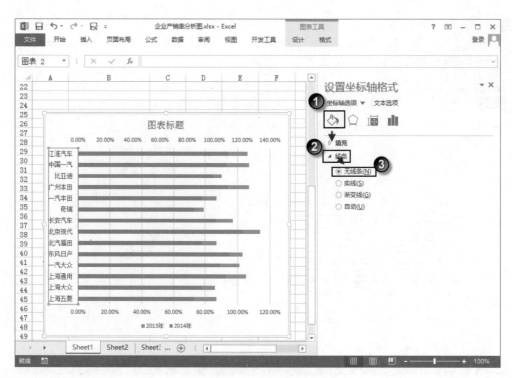

图2-38 取消垂直坐标轴线条

Excel商务图表从零开始学

X 3 在图表中选择主要横坐标轴，在"设置坐标轴格式"窗格中单击"坐标轴选项"按钮。展开"坐标轴选项"设置栏，在"最大值"和"最小值"文本框中输入数值设置坐标轴的最大值和最小值。单击"坐标轴值"单选按钮，在其后文本框中输入数值0.15，如图2-39所示。对次要横坐标轴进行设置，如图2-40所示。删除主要横坐标轴和次要横坐标轴。

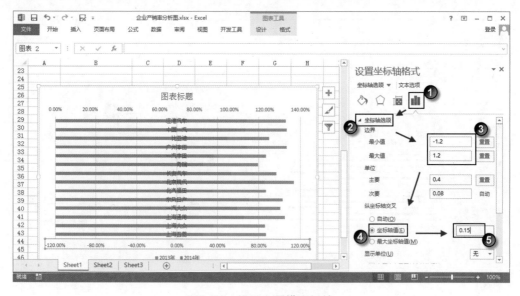

图2-39 设置主要横坐标轴

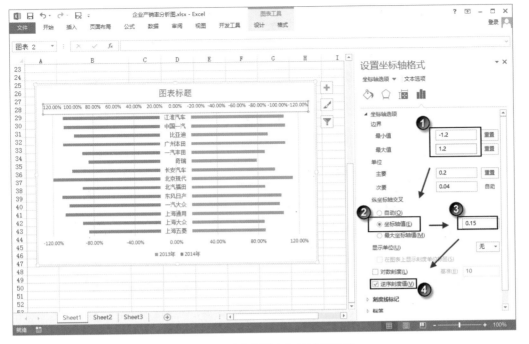

图2-40 对次要横坐标轴进行设置

4 分别选择图表中的2个数据系列，将它们的"分类间距"均设置位25%，如图2-41所示。
分别设置这2个数据序列的填充颜色，如图2-42所示。分别为这2个数据系列添加数据标签，如图
2-43所示。

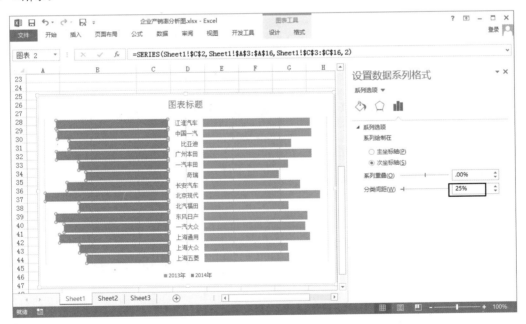

图2-41 设置"分类间距"

图2-42　分别设置数据系列的填充颜色

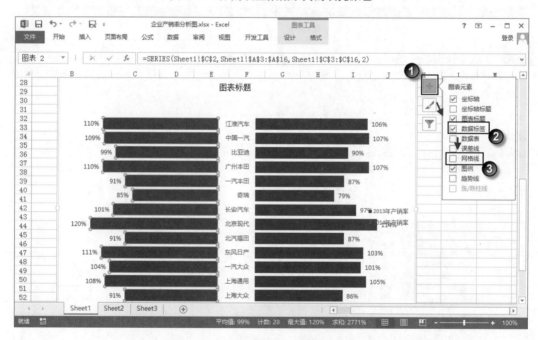

图2-43　分别为数据系列添加数据标签

5 设置图表背景颜色，添加标题文字并设置图表中各部分文字字体。本案例制作完成后的效果，如图2-44所示。

Excel商务图表从零开始学

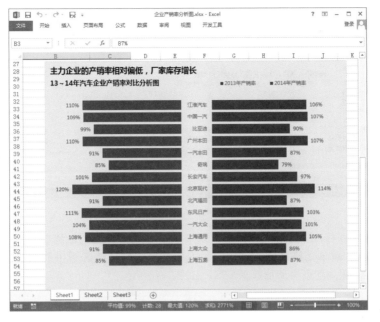

图2-44　案例制作完成后的效果

案例5 / 项目计划进度表

项目管理的关键在于对任务分配和时间进行管理，决策者需要随时对项目进展情况进行评估。在项目管理中，使用甘特图是进行项目调度和进展评估的实用图表类型。甘特图实际上是水平条形图，其水平轴为时间线，每一个条形表示一个项目任务，其可以清晰地展示项目中各个任务的执行顺序和持续时间。下面通过一个案例来介绍甘特图的制作方法，该案例的甘特图将表现不同阶段的计划任务时间和任务完成的情况。其中，深色的颜色条表示截至当前日期为止已经完成的任务。

1 启动Excel 2013并打开工作表，在B11单元格中获得当前日期，如图2-45所示。在F列和G列创建2个数据列，在F3单元格中输入公式"=INT(IF($B$11>=D3,C3,IF($B$11>B3,$B$11-B3,0)))"，向下拖动填充。在G3单元格中输入公式"=INT(IF($B$11<=B3,C3,IF($B$11<D3,D3-$B$11,0)))"，将公式复制到其下的单元格中，如图2-46所示。这两列单元格使用公式计算截至当天为止各个阶段任务已完成和未完成的天数。

图2-45　获得当前日期

图2-46 添加2个数据列

2 在工作表中选择A2:B9单元格区域，基于这个单元格区域的数据创建堆积条形图，如图2-47所示。选择F3:G9单元格区域，按"Ctrl+C"键复制单元格区域中的数据。选择图表后按"Ctrl+V"键粘贴数据向图表中添加数据系列，如图2-48所示。

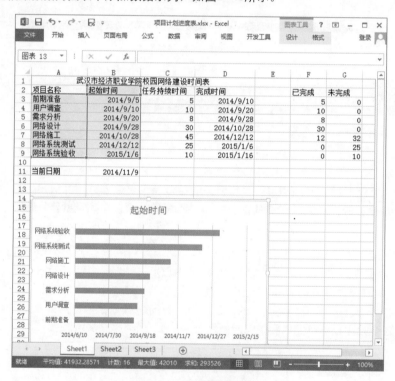

图2-47 创建堆积条形图

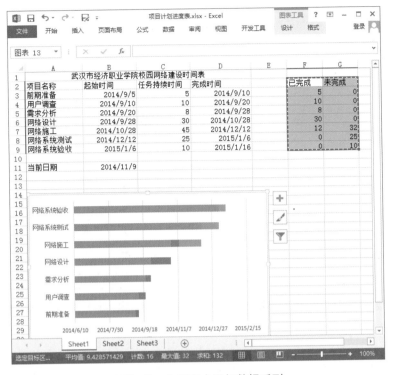

图2-48　向图表中添加数据系列

3 选择图表中的"起始时间"数据系列，取消其颜色填充，如图2-49所示。选择垂直坐标轴，在"设置坐标轴格式"窗格中勾选"逆序类别"复选框，如图2-50所示。

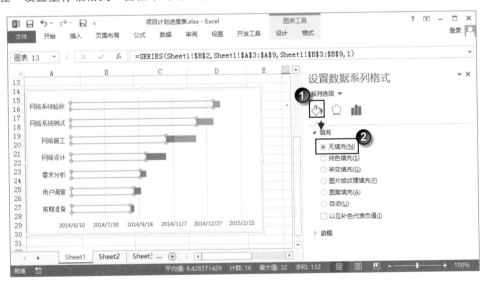

图2-49　取消对数据系列的颜色填充

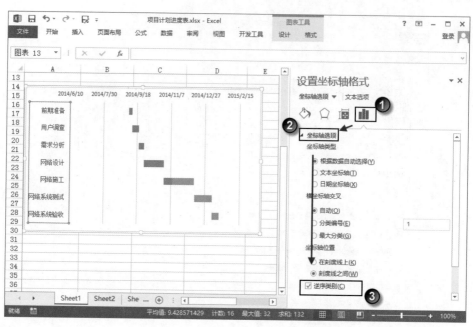

图2-50　勾选"逆序类别"复选框

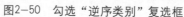 在工作表中任选2个单元格,分别输入起始日期和一个终止日期稍大的日期。选择这2个单元格后右击,选择关联菜单中的"设置单元格格式"命令打开"设置单元格格式"对话框,将单元格格式设置为"常规",如图2-51所示。单击"确定"按钮关闭对话框后,单元格中日期转换为数字。选择水平坐标轴,在"设置坐标轴格式"窗格中将坐标轴的"最大值"和"最小值"设置为刚才获得的数字,如图2-52所示。

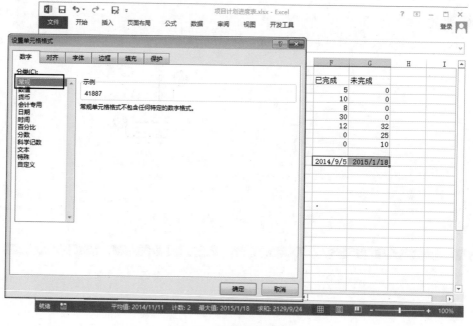

图2-51　设置单元格格式

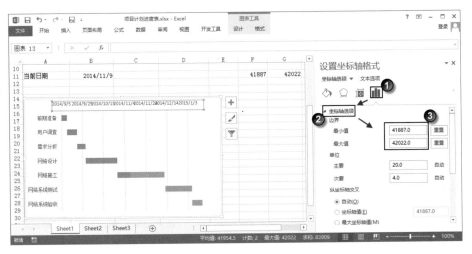

图2-52 设置"最大值"和"最小值"

步骤5 为图表添加水平网格线，如图2-53所示。设置图表的填充颜色，如图2-54所示。将水平网格线和垂直网格线均设置为短划线，如图2-55所示。

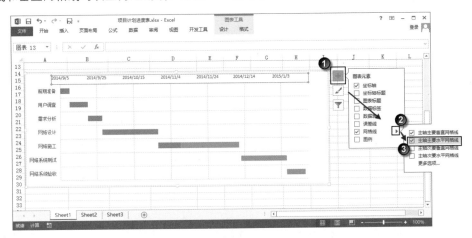

图2-53 添加水平网格线

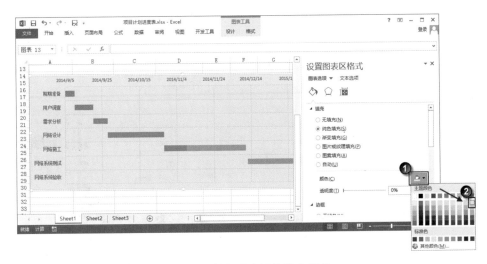

图2-54 设置图表区的填充颜色

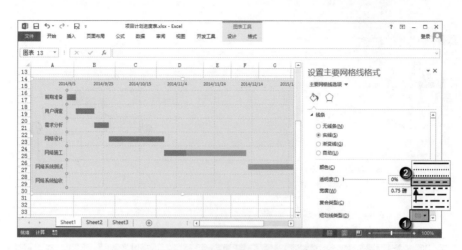

图2-55 将网格线设置为短划线

6 选择一个数据系列，设置"分类间距"的值，如图2-56所示。分别设置2个数据系列的填充颜色，如图2-57所示。为绘图区添加边框线，将图表中类别名称文字和水平轴标签文字的字体设置为"微软雅黑"。

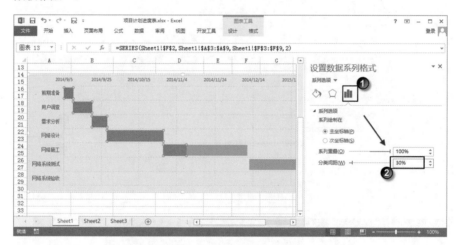

图2-56 设置"分类间距"值

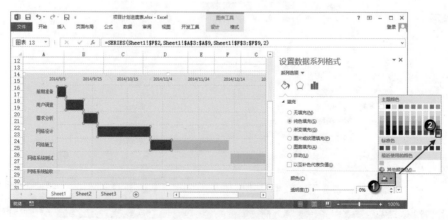

图2-57 更改数据系列的填充颜色

7 调整绘图区的大小，在图表区顶端绘制一个文本框，输入文字对文字格式进行设置，如图2-58所示。设置文本框的填充颜色，如图2-59所示。本案例制作完成后的效果，如图2-60所示。

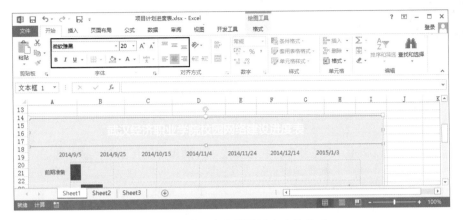

图2-58　输入文字并设置文字的格式

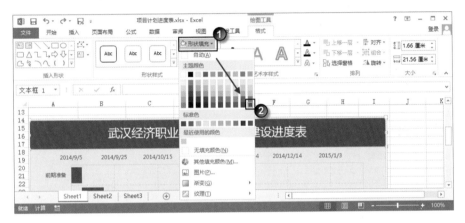

图2-59　设置文本框的填充颜色

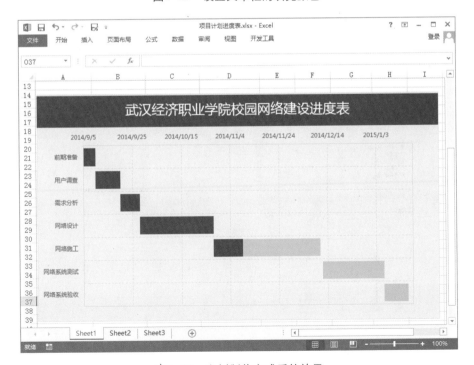

图2-60　案例制作完成后的效果

在使用图表描述数据时，经常需要描述数据的增减变化情况，反映数据在不同时间点的变化情况。例如，在进行会计核算时，营业收入减去营业成本以及相关费用即可得到营业利润，营业利润加上营业收入并减去营业外支出，可以得到利润总额。这个利润总额减去所得税即为最终的净利润。要使用条形图直观表现这些费用的变化时，可以使用瀑布图，下面将介绍具体的制作方法。

X 1 启动Excel 2013并打开工作表，在工作表中添加用于制作图表的辅助数据，如图2-61所示。这里，"合计值"列中的数据为对应的"营业收入"、"营业利润"、"利润总额"和"净利润"的值。"占位值"列中的数据为"营业收入"的"金额"数据根据收入和支出值逐项累积的结果。"收入值"和"支出值"列中的数据为利润表中需要从收入中加入和减去的数值。

图2-61 添加用于制表的辅助数据

X 2 选择工作表中的A2:A15和D2:D15单元格区域，使用这个区域的数据创建堆积条形图，如图2-62所示。拖动数据区域的控制柄扩大数据区域，将另外3列数据添加到图表中，如图2-63所示。

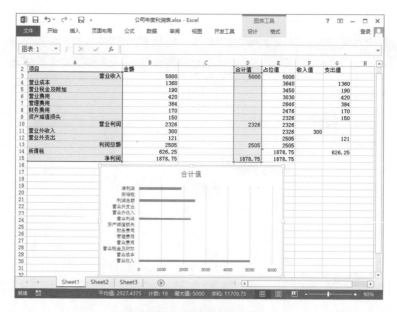

图2-62 创建堆积条形图

Excel商务图表从零开始学

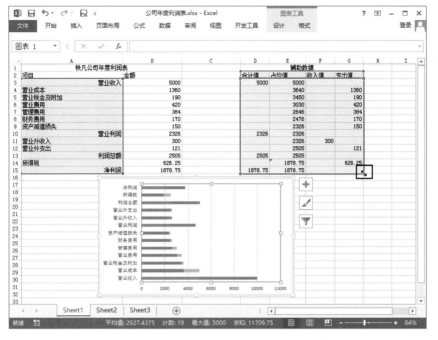

图2-63　向图表中添加数据

3　选择纵坐标轴，打开"设置坐标轴格式"窗格，在"坐标轴选项"设置栏中勾选"逆序类别"复选框，如图2-64所示。选择横坐标轴，设置坐标轴的"最大值"，如图2-65所示。

图2-64　勾选"逆序类别"复选框

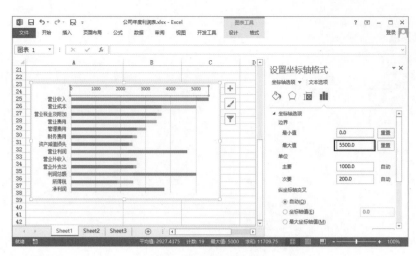

图2-65　设置"最大值"

④ 选择"占位值"数据系列，取消其颜色填充，如图2-66所示。设置数据系列的"分类间距"值调整数据系列的宽度，如图2-67所示。

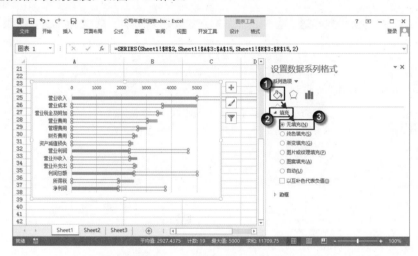

图2-66　取消"占位值"数据系列的颜色填充

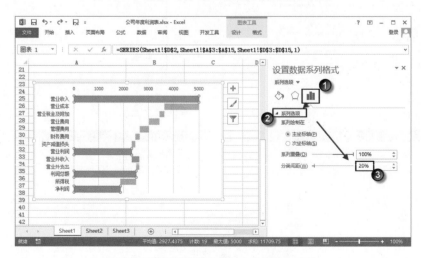

图2-67　设置数据系列的"分类间距"值

5 在"插入"选项卡的"插图"组中单击"形状"按钮，在打开的列表中选择"五边形"选项，如图2-68所示。拖动鼠标在工作表中绘制一个箭头，取消箭头的边框线并设置箭头的填充颜色，如图2-69所示。复制这个图形，并将其水平翻转，设置图形的填充颜色，如图2-70所示。

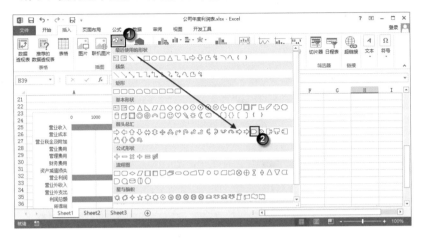

图2-68　选择绘制的形状

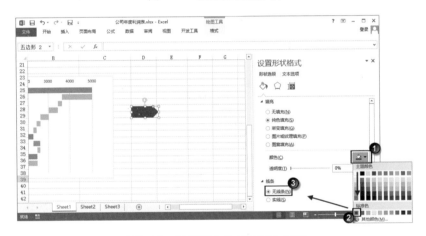

图2-69　设置填充色并取消边框线

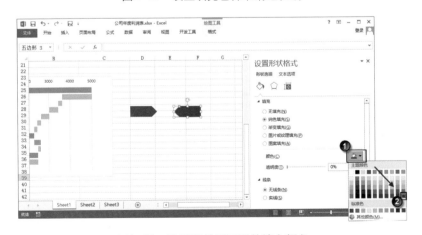

图2-70　设置翻转后图形的填充颜色

6 分别将这2个图形粘贴给图表的2个数据系列，如图2-71所示。为图表中的数据系列添加数据标签，如图2-72所示。删除不需要的数据标签，将"合计值"数据系列中的数据标签文字颜色设置为白色，其他数据标签的文字颜色设置为黑色。在这些数据标签中分别添加"−"和"＋"，调整数据标签的位置，如图2−73所示。

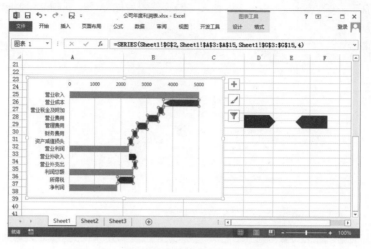

图2−71　将图形粘贴给图表的2个数据系列

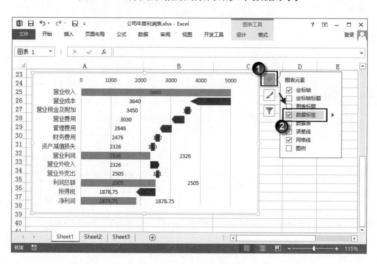

图2−72　添加数据标签

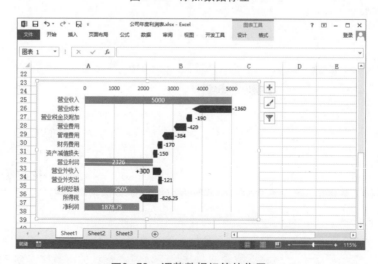

图2−73　调整数据标签的位置

7 为图表添加标题，为图表添加水平网格线，将网格线设置为短划线。设置坐标轴标签文字的字体，调整图表和绘图区的大小，设置图表的背景填充色。本案例制作完成后的效果，如图2-74所示。

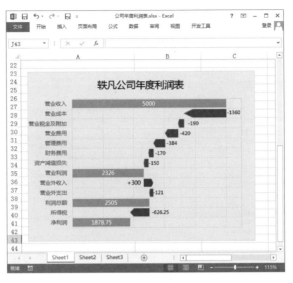

图2-74 案例制作完成后的效果

案例7 销售漏斗图

顾名思义，漏斗图指的是一种从形状上看类似于漏斗的图表，该图表是对数据进行分析的一种好方法。漏斗图适合于业务流程比较规范、周期比较长以及流程环节比较多的场合，其可以直观地表现业务流程，管理者能够从图表中快速发现流程中存在问题的环节。同时，漏斗图的形状也决定了其在展示数据的同时也能够直观地表现数据所占的比重，因此在某些场合漏斗图代替饼图使用可以获得更好的效果。在Excel中，借助于堆积条形图，用户能够快速地制作漏斗图。

下面通过一个销售机会漏斗图的制作案例来介绍具体的制作方法。该图将根据销售员和所有客户销售进展分层累计，从图表中可以看到每一个阶段的客户数量变化情况，从而使管理者能够发现问题并及时跟进解决。

1 启动Excel 2013并打开工作表，在工作表中插入一个名为“辅助数据”的列。选择该列的B3单元格，在编辑栏中输入公式“=($C$2-C3)/2”。向下拖动填充柄将公式复制到该列的其他单元格中，如图2-75所示。

名称	辅助数据	客户人数
初次接触		100
兴趣激发	1.5	97
会见决策者	7.5	85
确定需求	13.5	73
递交计划	17.5	65
口头同意	27.5	45
商谈合同	31.5	37
最后签约	36	28

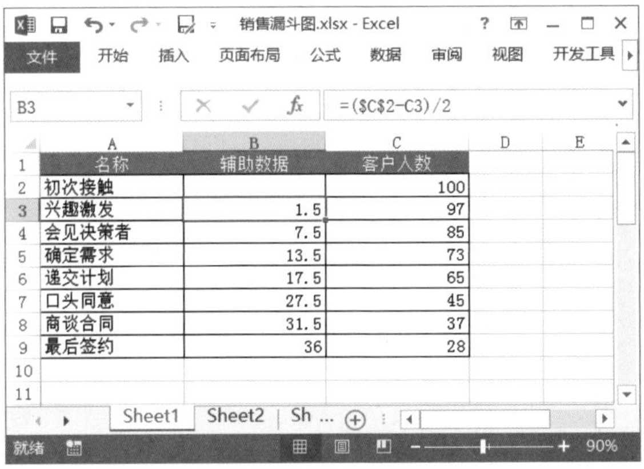

图2-75 输入并复制公式

[X] 2 选择A1:C9单元格区域，插入堆积条形图，如图2-76所示。此时将在工作表中插入一个堆积条形图。选择图表中的垂直轴，在设置坐标轴格式窗格中勾选"逆序类别"复选框，如图2-77所示。

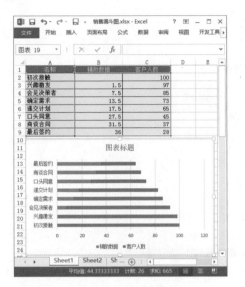
图2-76　插入堆积条形图

图2-77　勾选"逆序类别"复选框

[X] 3 在图表中选择"辅助数据"数据系列，在"设置数据系列格式"窗格中单击"无填充"单选按钮取消对该数据系列的填充，如2-78所示。设置图表中数据系列的"分类间距"以调整数据系列的宽度，如图2-79所示。

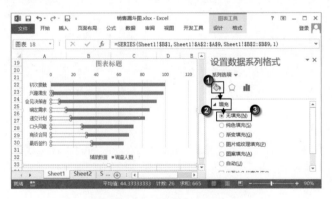
图2-78　取消数据系列的填充

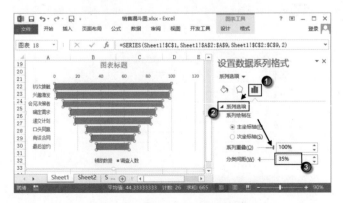
图2-79　设置"分类间距"值

Excel商务图表从零开始学

步骤4 为数据系列添加数据标签，如图2-80所示。设置数据标签文字字体，将数据标签文字颜色设置为白色，设置数据系列的填充色，如图2-81所示。添加图表标题并设置标题文字格式，为图表添加水平网格线并将其设置为短划线。删除水平坐标轴和图例，设置垂直坐标轴标签文字字体，设置图表背景填充色。案例制作完成后的效果，如图2-82所示。

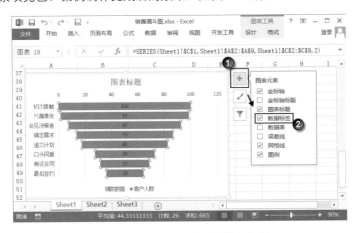

图2-80 为数据系列添加数据标签

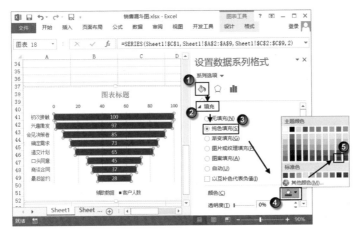

图2-81 设置数据标签的填充颜色

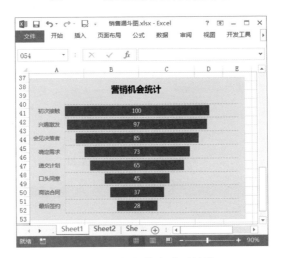

图2-82 案例制作完成后的效果

通过对比企业、部门或销售人员的销售业绩，对业绩情况进行排名，是对业绩进行评估分析的一种常用手段。这类图表不仅需要图形来表现现业绩的大小关系，还需要文字甚至是图片来进行说明。为了清晰直观地展示对比内容，在图表中可以采用分栏显示的方式，这就是所谓的表样式图表。下面通过一个房企销售排行榜来介绍这种表样式图表的制作方法。

1 启动Excel 2013并打开工作表，在工作表的I2:M13单元格区域添加用于绘制图表的数据，如图2-83所示。这里，"排名"列、"姓名"列和"项目名称"列数据为占位数据，用于在堆积图中占位用，其值的大小决定了占位区域的大小。"背景条"列数据用于在制作图表时获得交错的条形背景，其值应该比J3:M3单元格数据和略大。

图2-83 添加用于绘图的数据

2 基于I2:M13单元格区域中的数据绘制堆积条形图，如图2-84所示。在图表中依次选择除了"背景条"数据系列之外的其他数据系列，将它们绘制到次坐标轴上，如图2-85所示。

图2-84 创建堆积条形图

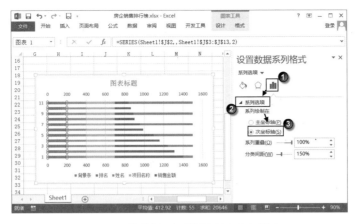

图2-85 将数据系列绘制到次坐标轴上

Ⅹ 3 为图表添加次要纵坐标轴，如图2-86所示。选择图表中的次要纵坐标轴，在"设置坐标轴格式"窗格中勾选"逆序类别"复选框，如图2-87所示。分别选择图表中的主要水平轴和次要水平轴，在"设置坐标轴格式"窗格中将坐标轴的"最小值"和"最大值"均设置为0和1500，如图2-88所示。

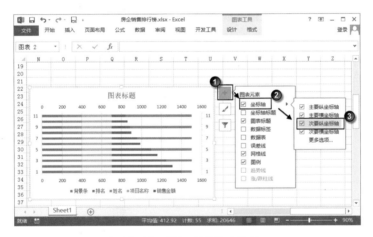

图2-86 添加次要纵坐标轴

图2-87 勾选"逆序类别"复选框

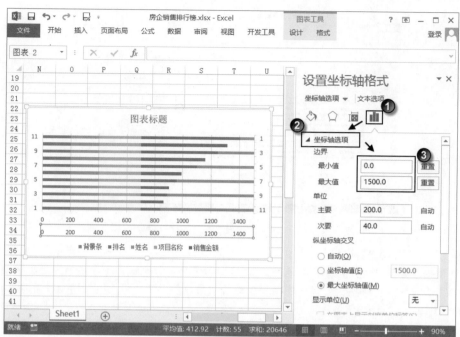

图2-88 设置水平坐标轴的"最小值"和"最大值"

4 依次选择图表中的"排名"、"姓名"和"项目名称"数据系列，取消对数据系列的填充，如图2-89所示。单击"销售金额"数据系列的第一个数据点两次选择该数据点，取消其颜色填充，如图2-90所示。

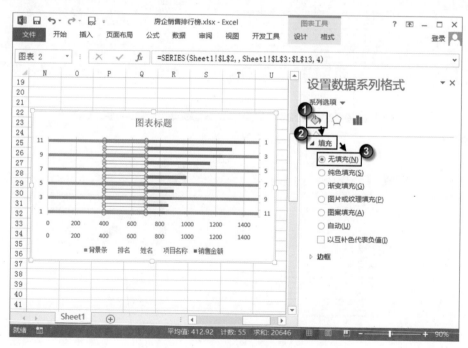

图2-89 取消数据系列的填充

Excel商务图表从零开始学

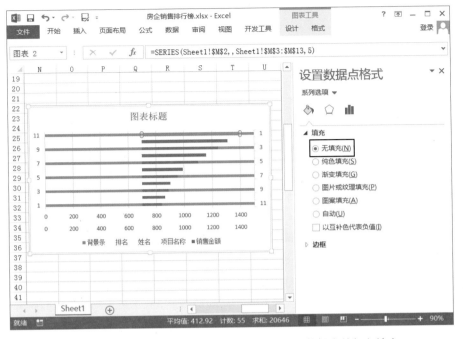

图2-90 取消"销售金额"数据系列的第一个数据点的颜色填充

X 5 在图表中选择"背景条"数据系列,在"设置数据系列格式"窗格中将"分类间距"设置为0,如图2-91所示。选择"销售金额"数据系列,设置其"分类间距"值,如图2-92所示。

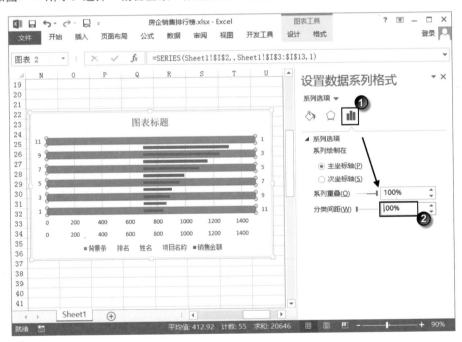

图2-91 将"分类间距"设置为0

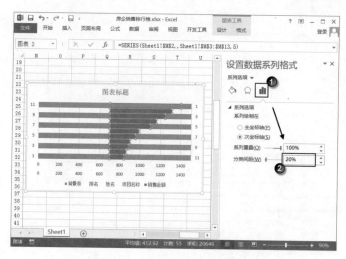

图2-92 设置"销售金额"数据系列的值

⚹ 6 删除图表中所有的坐标轴，删除图表的图例。选择图表，为图表中所有数据系列添加数据标签，如图2-93所示。选择"背景条"数据系列中的数据标签，删除该数据系列的数据标签，如图2-94所示。

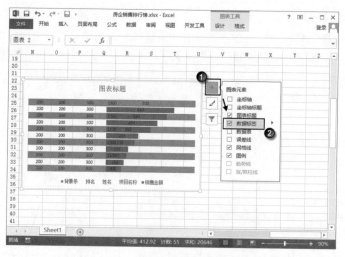

图2-93 为数据系列添加数据标签

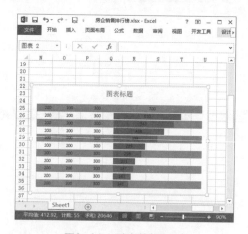

图2-94 删除数据系列

步骤 7 在图表中选择左上角第一个数据标签，在编辑栏中输入公式指定标签文字所在的单元格，如图2-95所示。依次更改数据标签文字，如图2-96所示。设置"背景条"数据系列的填充颜色，如图2-97所示。

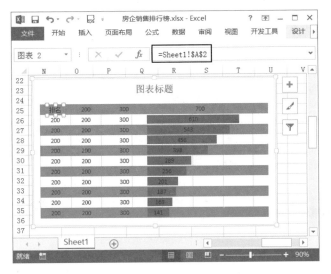

图2-95　指定文字所在单元格

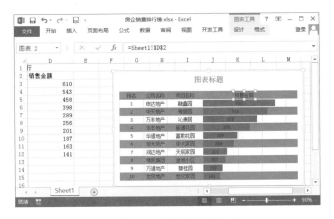

图2-96　更改数据标签文字

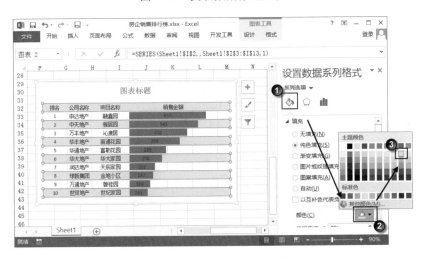

图2-97　设置"背景条"数据系列填充颜色

8 依次设置"销售金额"除了第一个数据点之外的数据点的颜色，如图2-98所示。设置"销售金额"数据系列的数据标签文字的字体为"微软雅黑"，将除了第一个数字标签之外的其他数字标签文字的颜色设置为白色，如图2-99所示。将其他数据标签文字字体也设置为"微软雅黑"。

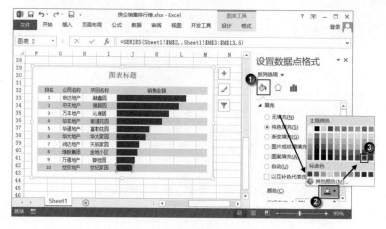

图2-98 设置数据点颜色

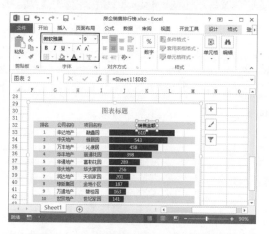

图2-99 设置数据标签文字字体和颜色

9 删除图表中的图表标题，在图表中插入文本框输入图表标题并设置文字字体和大小。设置文本框的填充颜色，如图2-100所示。设置文字颜色，如图2-101所示。本案例制作完成后的效果，如图2-102所示。

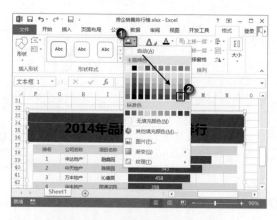

图2-100 设置文本框填充颜色

Excel商务图表从零开始学

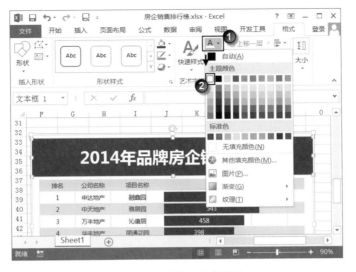

图2-101　设置文字的颜色

图2-102　案例制作完成后的效果

案例9 部门盈亏表

Excel图表的作用是让数据可视化，使用图表来表现数据时，数据来源于报表，但图表却是独立于报表而存在的。在制作商业报表时，直接在单元格中实现数据的可视化，这样既可以提升报表的表现力，又能够保证信息呈现的完整性。下面将介绍一个部门盈亏表的案例的制作过程，该案例使用REPT函数在工作表的单元格中重复字符"|"，生成的字符串构成条形图，从而在工作表中直接获得条形图的表现效果。

XI 1 启动Excel 2013并打开工作表，如图2-103所示。将制表所需要的数据复制到一个新的工作表中，如图2-104所示。

图2-103　工作表中的原始数据

图2-104　复制数据到新工作表中

2 选择B3单元格，在单元格中输入公式"=IF(Sheet1!B3<0,Sheet1!B3&"　"&REPT("I",ABS(Sheet1!B3)/5),"")"，拖动填充柄向下填充公式并获得计算结果，如图2-105所示。在C3单元格中输入公式"=IF(Sheet1!B3>0,REPT("I",ABS(Sheet1!B3)/5)&"　"&Sheet1!B3,"")"，拖动填充柄向下填充公式并获得计算结果，如图2-106所示。

图2-105　向下拖动填充柄填充公式

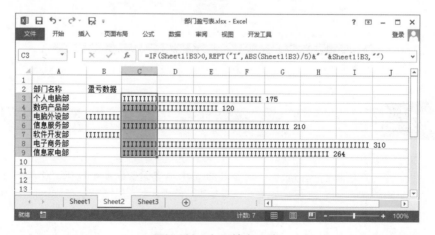

图2-106　向下填充公式

3 选择B3:B9单元格区域，将单元格中文字字体设置为"Arial Unicode MS"，将文字的对齐方式设置为右对齐，并将文字的颜色设置为红色，如图2-107所示。选择C3:C9单元格区域，对文字的样式进行设置，如图2-108所示。

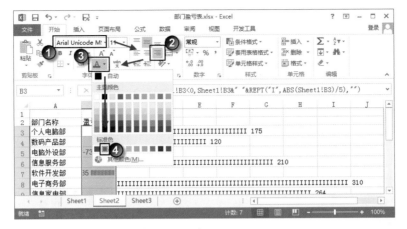

图2-107　对单元格中文字格式进行设置

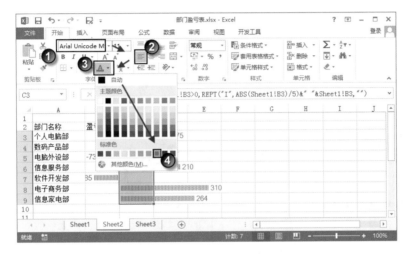

图2-108　设置C3:C9单元格区域中文字格式

4 打开"视图"选项卡，在"显示"组中取消对"网格线"复选框的勾选使图表中不显示网格线，如图2-109所示。选择B2:C2单元格区域，在"开始"选项卡的"对齐方式"组中单击"合并后居中"按钮合并单元格并使文字在合并后的单元格中居中，如图2-110所示。

图2-109　取消对"网格线"复选框的勾选

图2-110　单击"合并后居中"按钮

5 设置"部门名称"列中的文字在单元格中居中，选择A3:E3单元格区域后右击，选择关联菜单中的"设置单元格格式"命令打开"设置单元格格式"对话框。在"边框"选项卡中为选择的单元格添加顶端的边框线，如图2-111所示。选择A9:E9单元格区域，为其添加底部边框线，如图2-112所示。

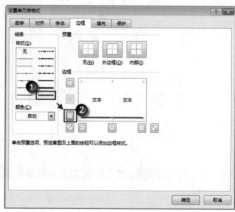

图2-111　添加顶端边框线　　　　　　图2-112　添加底部边框线

6 设置工作表中其他文字字体，如图2-113所示。选择数据所在单元格区域后右击，选择关联菜单中的"设置单元格格式"命令打开"设置单元格格式"对话框，在"填充"选项卡中设置单元格区域的填充颜色，如图2-114所示。单击"确定"按钮关闭对话框完成本案例的制作。案例制作完成后的效果，如图2-115所示。

图2-113　设置文字字体

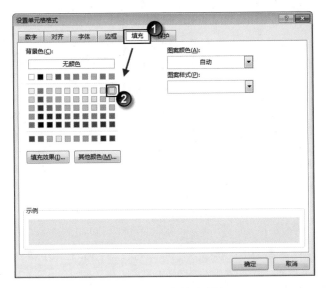

图2-114　设置填充颜色

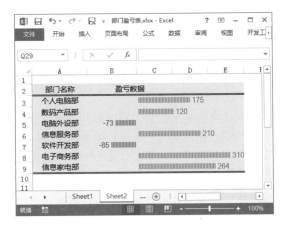

图2-115　案例制作完成后的效果

第**3**章 商务图表中的趋势图——折线图

折线图以折线的形式来表现数量的大小关系，但折线图的意义并不仅仅限于数量的表达，其重点在于表现推移的趋势，即能够直观表现随时间变化的连续的数据，展示其变化的趋势。与柱形图和条形图相比，折线图能够聚焦于数据的落差和变化，通过折线角度来确定数据变化的程度。本章将通过商务图表中的经典案例来介绍折线图的使用方法。

案例1 发展趋势预测图

在商务报表中，经常需要对未来的发展趋势进行预测并将预测的结果直观地展示出来。展示数据的变化趋势情况，可以使用折线图，同时为了避免读者的误解，通常预测数据时会使用特殊的样式，将预测数据与真实的数据区分开来。下面介绍一个发展趋势预测图的制作过程，这个图表使用折线图来制作，折线图中使用虚线来表示未来的变化趋势。

1 启动Excel 2013并打开工作表，基于工作表中数据插入折线图，如图3-1所示。拖动图表边框上的控制柄将图表适当放大，右击图表的水平坐标轴，选择关联菜单中的"设置坐标轴格式"命令打开"设置坐标轴格式"窗格，对坐标轴的刻度线标记进行设置，如图3-2所示。设置坐标轴标签的间隔，如图3-3所示。

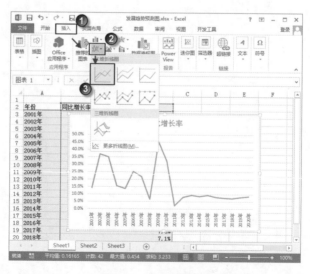

图3-1 插入折线图

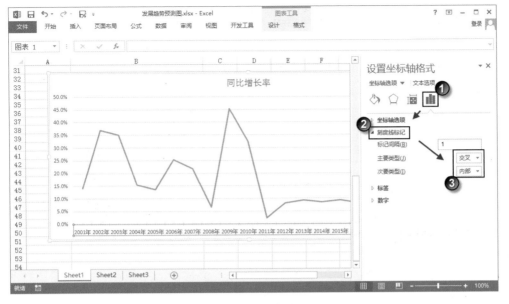

图3-2 设置刻度线标记

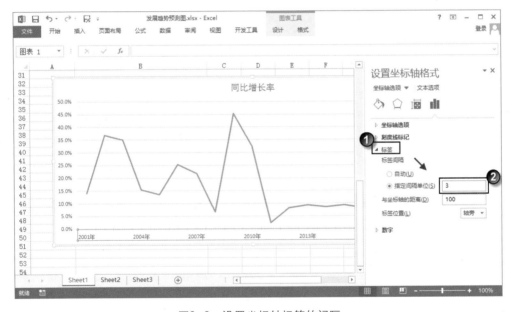

图3-3 设置坐标轴标签的间隔

设置水平坐标轴线条的颜色，如图3-4所示。选择垂直坐标轴，设置坐标轴显示的单位，如图3-5所示。选择绘图区中的网格线，设置网格线的颜色，如图3-6所示。将网格线设置为短划线，如图3-7所示。

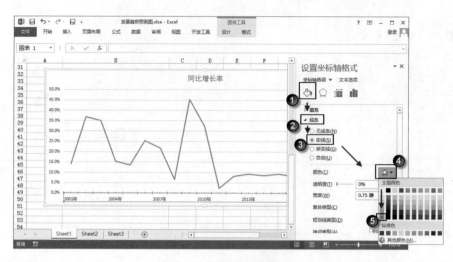

图3-4　设置坐标轴颜色

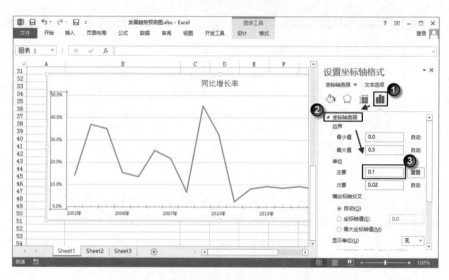

图3-5　设置坐标轴单位

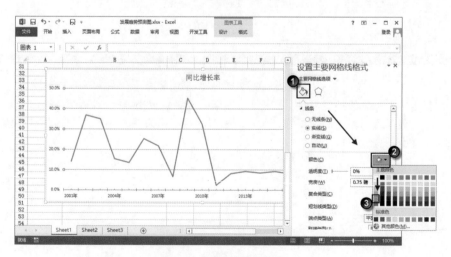

图3-6　设置网格线颜色

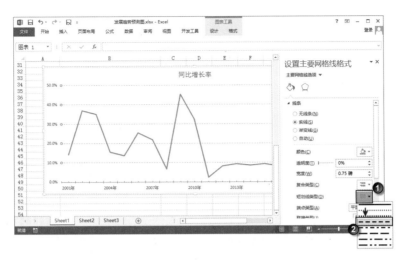

图3-7　设置网格线线型

![X][3] 选择图表中的折线，设置线条颜色，如图3-8所示。将折线设置为平滑曲线，如图3-9所示。在图表中单击选择"2015年"数据点，设置其颜色，如图3-10所示。将"短划线类型"设置为"方点"，如图3-11所示。依次设置其他数据点的线条样式，使预测数据与实际数据区分开来，如图3-12所示。

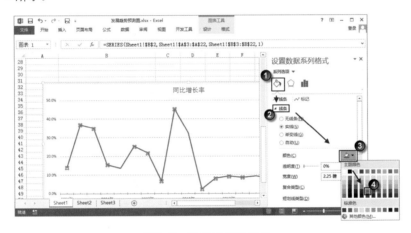

图3-8　设置折线的颜色

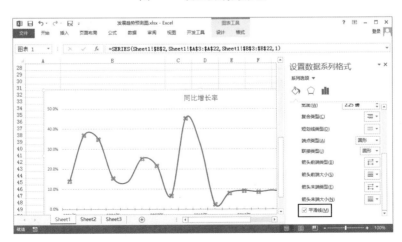

图3-9　将折线设置为平滑曲线

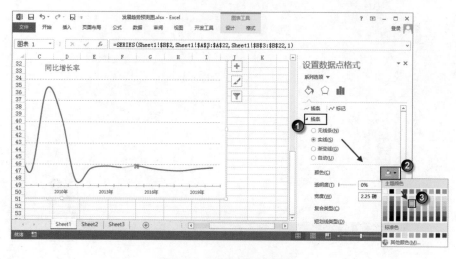

图3-10 设置数据点颜色

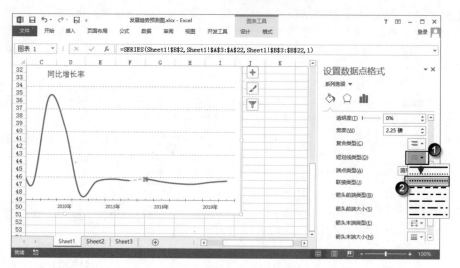

图3-11 将"短划线类型"设置为"方点"

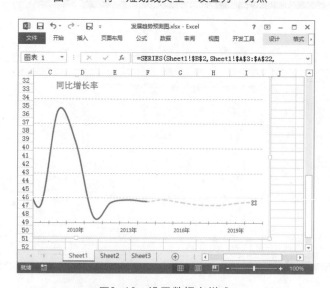

图3-12 设置数据点样式

4 删除默认的图表标题，在图表中使用文本框插入相关文字，调整图表中各元素的大小和位置，案例制作完成后的效果，如图3-13所示。

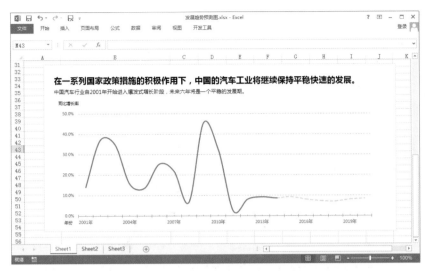

图3-13 案例制作完成后的效果

案例2 / 销量达标评核图

销售企业在统计一段时间内的产品销量时，可以使用折线图来展现销量的变化情况。同时，为了能够了解各个阶段的销售量是否达到了预定的目标，可以在折线图中添加一条表示目标值的参考线，这样就可以使销售达标情况一目了然，以方便管理者对销售情况进行评核。下面通过一个销量达标评核图案例来介绍具体的制作方法，案例的折线图中将以一条代表销量平均值的水平线作为达标参考线。

1 启动Excel 2013并打开工作表，选择工作表的C3单元格，在编辑栏中输入公式"=INT(AVERAGE($B$3:$B$14))"，按"Enter"键确认公式的输入。拖动单元格的填充柄将公式复制到其下的单元格中获得平均值，如图3-14所示。

图3-14 输入并复制公式

步骤 2 选择任意一个数据单元格后插入折线图，单击图表中水平线右侧的数据点两次选择该数据点。右击该数据点，选择关联菜单中的"设置数据点格式"命令打开"设置数据点格式"窗格。单击"填充线条"按钮，选择"标记"选项，在"数据标记选项"设置栏中选择"内置"单选按钮，设置数据标记的形状，如图3-15所示。在"大小"微调框中输入数值设置数据标记的大小，如图3-16所示。展开"填充"设置栏，将数据标记的颜色设置为黑点，如图3-17所示。取消数据标记的边框线，如图3-18所示。

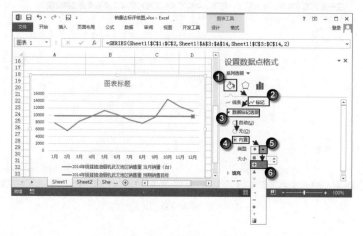

图3-15　设置数据标记的形状

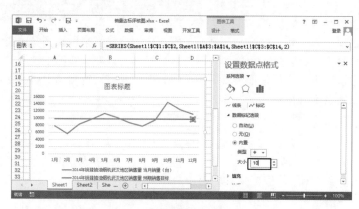

图3-16　设置数据标记的大小

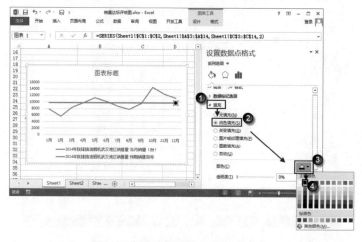

图3-17　设置数据标记的填充颜色

Excel商务图表从零开始学

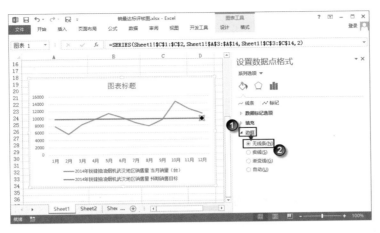

图3-18 取消数据标记的边框

![X 3] 为数据点添加数据标签，如图3-19所示。打开"设置数据标签格式"窗格，取消对"显示引导线"复选框的勾选，单击"靠右"单选按钮使数据标签靠右放置，如图3-20所示。将插入点光标放置到数据标签内，输入数据单位"台"，如图3-21所示。

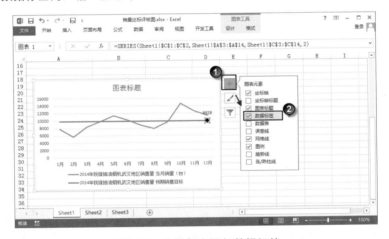

图3-19 为数据点添加数据标签

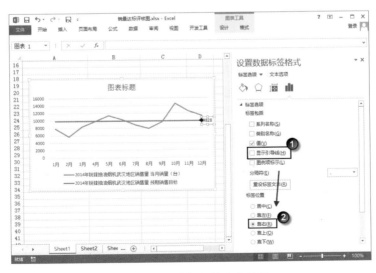

图3-20 使数据标签靠右放置

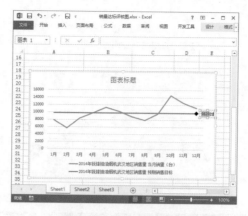

图3-21　输入数据单位

4 在图表中选择整条水平线，在"设置数据系列格式"窗格的"线条"设置栏中单击"实线"单选按钮，线条颜色将更改为与数据标记的填充色相同的黑色。在"短划线类型"下拉列表中选择"方点"选项，如图3-22所示。选择折线后设置折线的颜色，如图3-23所示。

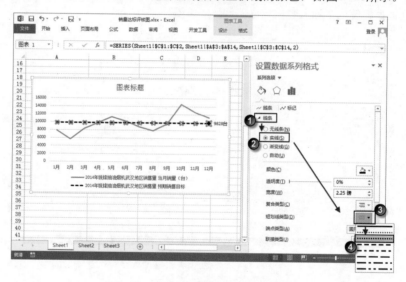

图3-22　设置线条颜色和短划线类型

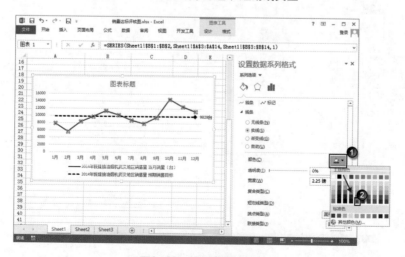

图3-23　设置折线颜色

5 选择水平坐标轴，刻度线标记设置为"外部"，如图3-24所示。设置水平坐标轴线条颜色，如图3-25所示。选择垂直坐标轴，设置坐标轴单位，如图3-26所示。

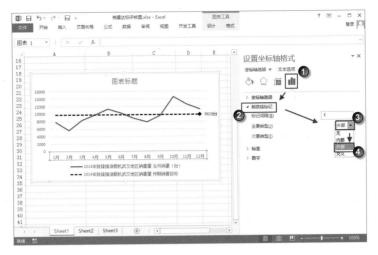

图3-24 设置刻度线标记

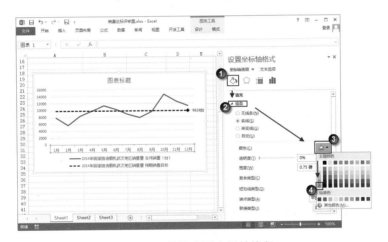

图3-25 设置水平坐标轴线条

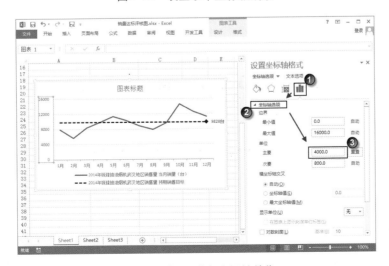

图3-26 设置垂直坐标轴单位

6 删除图表中的图例，将图表中的网格线设置为短划线，如图3-27所示。设置图表区的填充颜色，如图3-28所示。在图表中添加主标题和副标题文字，调整图表元素的大小和位置。案例制作完成后的效果，如图3-29所示。

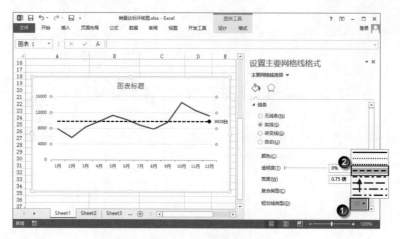

图3-27　设置网格线

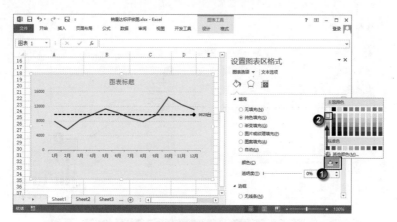

图3-28　设置图表区的填充颜色

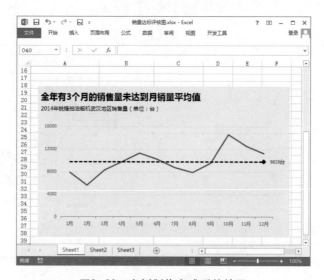

图3-29　案例制作完成后的效果

案例3 企业毛利润率变化图

　　企业经营的最终目的是为了获得利润，企业的盈利能力决定了投资回报的高低。在分析企业的盈利能力时，企业的毛利润率是一个重要指标。毛利润率反映了企业的初始获利能力，与同行业相比，如果企业毛利润率高于同行业平均水平，则说明公司具有更强的竞争力。因此，在制作毛利润率分析图表时，图表需要展示企业与行业的平均毛利润率在一段时间内的变化情况，同时比较它们之间的大小关系。要实现上述目的，使用折线图是一个常用的手段，在折线图中用高低点连线表现两个数据的对比，同时使用浮动数据标记来展示数据间的差。

1 启动Excel 2013并打开工作表，在工作表中添加一个名为"标签位置"的数据列，选择工作表的D3单元格，在编辑栏中输入公式"=AVERAGE(B3:C3)"，拖动填充柄将公式复制到其下的单元格中，如图3-30所示。添加一个名为"毛利润率差"的数据列，在E3单元格中输入公式"=B3-C3"，求利润率的差，拖动填充柄将公式复制到其下的单元格中，如图3-31所示。

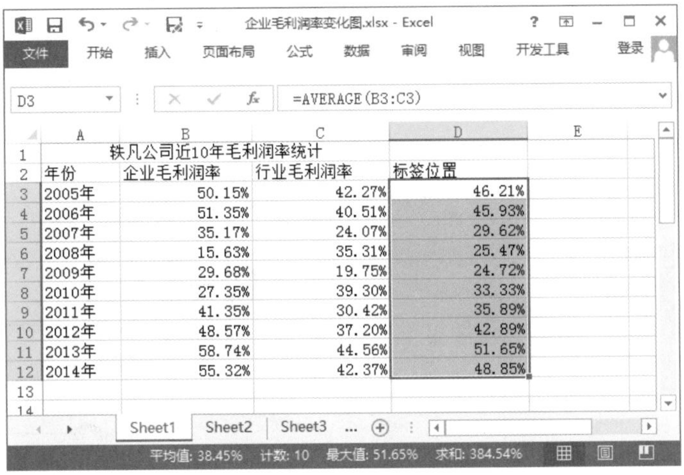

图3-30　向下填充公式

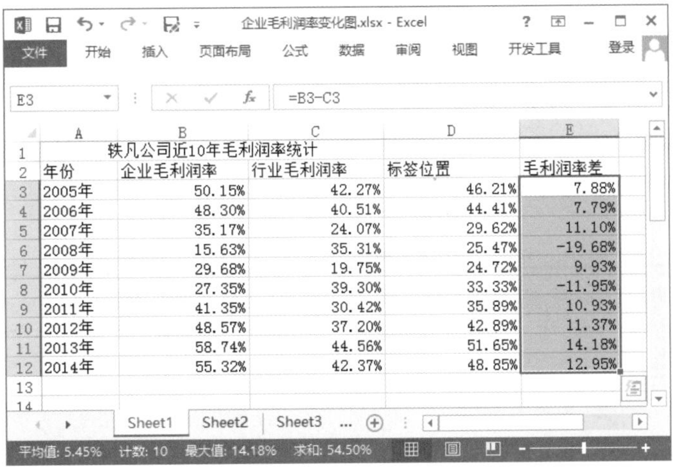

图3-31　求利润率的差

2 在工作表中选择A2:D12单元格区域，选择插入"带数据标记的折线图"，如图3-32所示、基于该区域的数据创建折线图。选择图表中的垂直坐标轴，打开"设置坐标轴格式"窗格，设置坐标轴的"最小值"、"最大值"以及刻度单位，如图3-33所示。

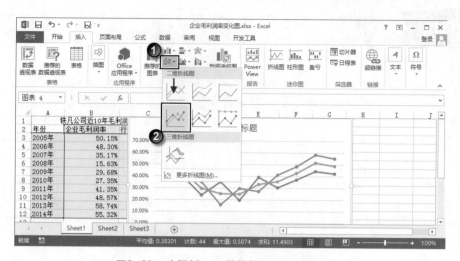

图3-32 选择插入"带数据标记的折线图"

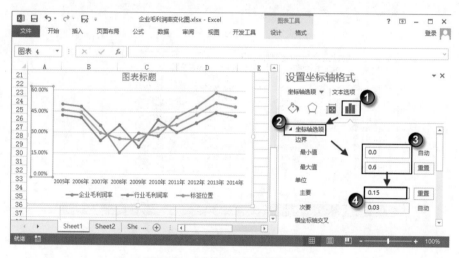

图3-33 对垂直坐标轴进行设置

X 3 在图表中选择"标签位置"数据系列,在"设置数据系列格式"窗格中单击"次坐标轴"单选按钮,如图3-34所示。取消"标签位置"数据系列的线条,如图3-35所示。取消"标签位置"数据系列的数据标记,如图3-36所示。

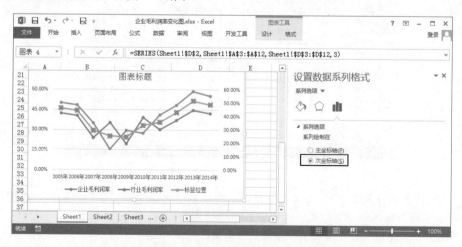

图3-34 单击"次坐标轴"单选按钮

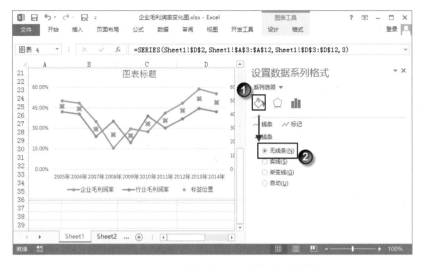

图3-35 取消"标签位置"数据系列的线条

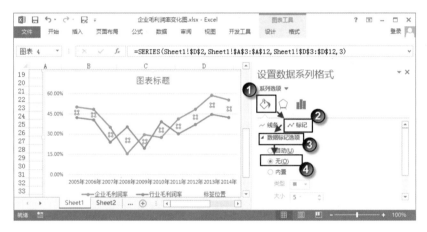

图3-36 取消"标签位置"数据系列的数据标记

步骤4 为"标签位置"数据系列添加居中放置的数据标签，如图3-37所示。在图表中选择左侧第一个数据标签，在编辑栏中输入"＝"后在工作表中单击E3单元格，如图3-38所示。按"Enter"键后数据标签中数据变为指定单元格中的数据，使用相同的方法依次更改其他数据标签的数据，如图3-39所示。

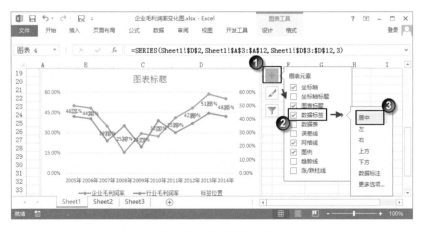

图3-37 添加数据标签

图3-38　指定数据

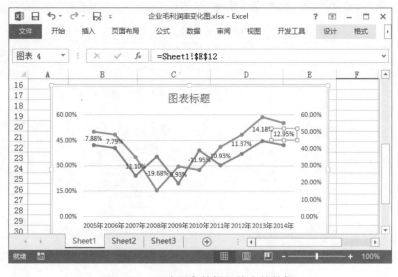

图3-39　更改所有数据标签中的数据

5 选择图表中的数据标签，将标签框的填充颜色设置为白色，如图3-40所示。设置边框线的颜色，如图3-41所示。

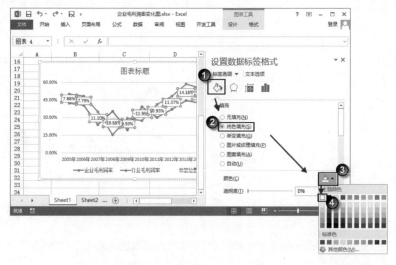

图3-40　设置边框的填充颜色

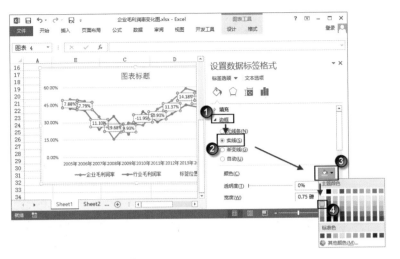

图3-41　设置边框线颜色

6 选择整个图表，在"设计"选项卡的"图表布局"组中单击"添加图表元素"按钮，在打开的列表中选择"线条"选项，在下级列表中选择"高低点连线"选项为折线图添加高低点连线，如图3-42所示。选择图表中的高低点连线后右击，选择"设置高低点连线"命令打开"设置高低点连线格式"窗格，设置高低点连线的颜色，如图3-43所示。设置高低点连线的短划线类型，如图3-44所示。

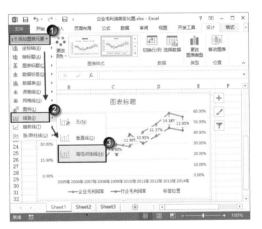

图3-42　为图表添加高低点连线

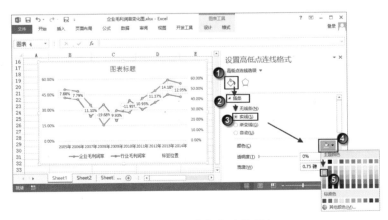

图3-43　设置高低点连线颜色

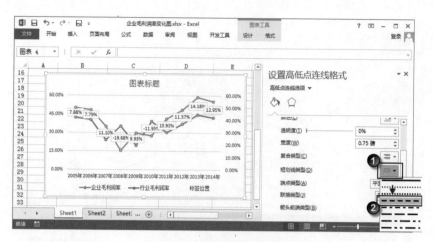

图3-44 设置短划线类型

X **7** 选择图表中的水平坐标轴，设置刻度线的位置，如图3-45所示。设置坐标轴线条颜色，如图3-46所示。选择图表中的网格线，将其颜色设置得与水平轴相同，设置短划线类型，如图3-47所示。

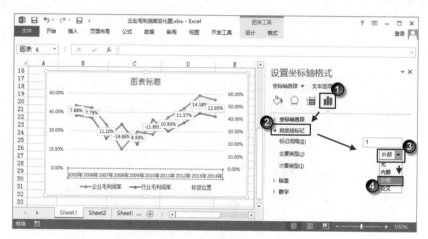

图3-45 设置刻度线的位置

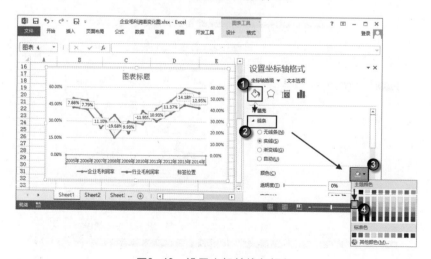

图3-46 设置坐标轴线条颜色

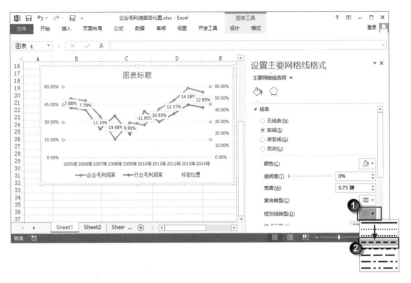

图3-47　设置短划线类型

区 8　删除图例中的"标签位置"图例项，删除次垂直坐标轴。输入图表的标题和副标题文字，根据需要设置图表中所有文字的样式。改变图表区的大小并调整各元素的位置。案例制作完成后的效果，如图3-48所示。

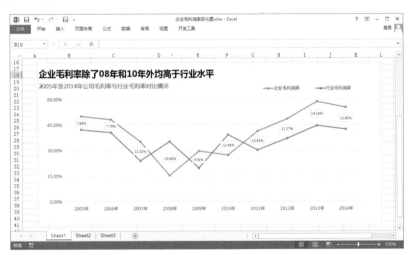

图3-48　案例制作完成后的效果

案例4　门店月销售表

在对门店销售情况进行统计时，需要逐月统计门店的销售情况。如果使用折线图，将数据放在一个图表中，则图表中的折线将显得凌乱。而如果将每个门店的销售情况放置在单独的图表中，又不利于数据展示的完整性。此时，可以将折线在图表中拆分开来，让它们同时显示在一张图表中。下面通过案例来介绍图表的具体制作步骤。

区 1　启动Excel 2013并打开工作表，对工作表中的数据进行处理。这里，将各门店的数据错行排列，使一行中只有一个门店的数据，每一列对应图表中的一个数据系列，如图3-49所示。在工作表中基于H2:L26单元格区域创建折线图，如图3-50所示。

图3-49 整理数据

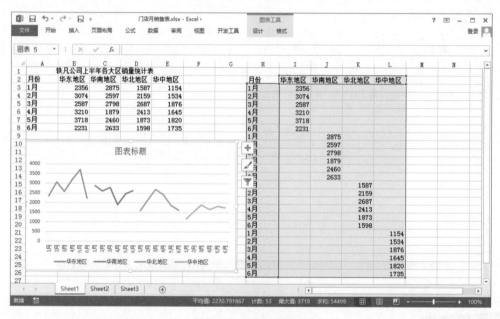

图3-50 创建折线图

 **2** 取消图表中的水平网格线的显示，使图表中显示垂直网格线，如图3-51所示。右击图表中的横坐标轴，选择关联菜单中的"设置坐标轴格式"命令打开"设置坐标轴格式"窗格。在窗格中单击"坐标轴选项"按钮，展开"刻度线标记"设置栏，在"标记间隔"文本框中输入数值设置标记间隔，这个间隔实际上决定了垂直网格线的间隔。此时的网格线成为了分隔绘图区的分隔线，这里的绘图区被分割成4块区域，如图3-52所示。

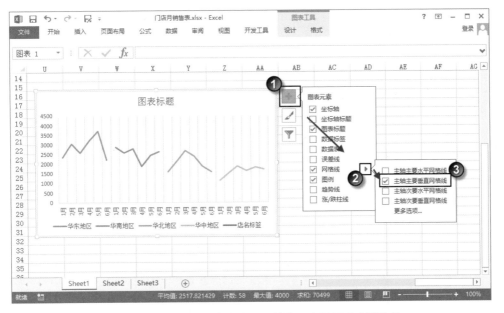

图3-51 取消水平网格线的显示并使图表显示垂直网格线

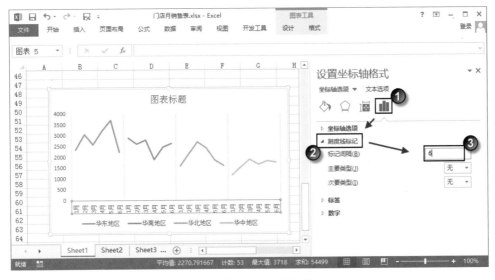

图3-52 设置"标记间隔"值

步骤3 在工作表中添加一个名为"店名标签"的列，在该列中输入数据，如图3-53所示。复制 M2:M26单元格中的数据，将其粘贴到图表中添加一个新的数据系列。为图表中的数据系列添加数据标签，如图3-54所示。

图3-53　创建一个辅助数据列

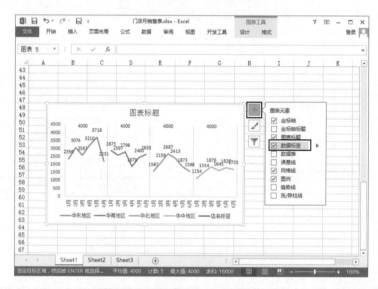

图3-54　为数据系列添加数据标签

4 拖动图表边框上的控制柄将图表适当放大，选择图表中的垂直坐标轴，在"设置坐标轴格式"窗格中设置垂直轴的"最大值"，如图3-55所示。选择"店名标签"数据系列的数据标签，在"设置数据标签格式"窗格中将数据标签的位置设置为"靠上"，如图3-56所示。

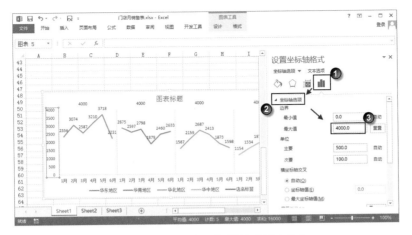

图3-55　设置垂直坐标轴的"最大值"

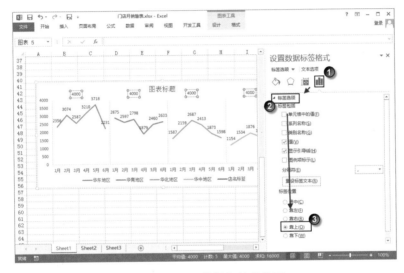

图3-56　设置数据标签的位置

5 选择"店名标签"数据系列的第一个数据标签，在编辑栏中输入"="后单击I2单元格，如图3-57所示。按"Enter"键确认输入后，数据标签中显示该单元格的文字。依次更改其他数据标签文字，如图3-58所示。

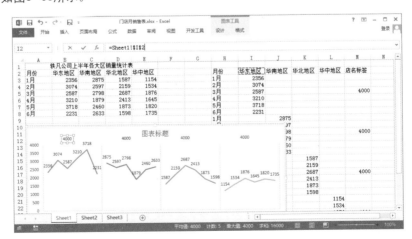

图3-57　指定单元格

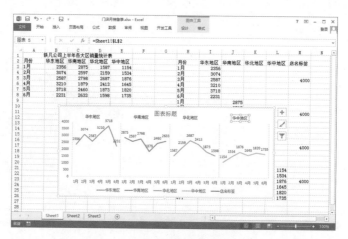

图3-58　更改其他数据标签文字

 6 在图表中选择垂直网格线，在"设置主要网格线格式"窗格中将网格线颜色设置为黑色，如图3-59所示。将横坐标轴设置为与网格线相同的颜色，输入图表标题文字，设置图表中文字的格式。删除图表中的图例，调整图表的大小和图表中各元素的位置。案例制作完成后的效果，如图3-60所示。

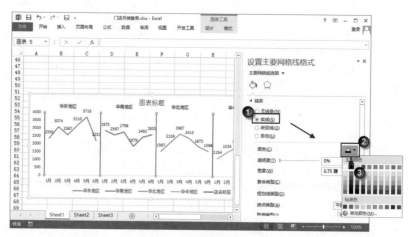

图3-59　设置网格线颜色

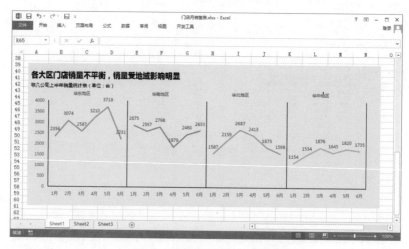

图3-60　案例制作完成后的效果

案例5 公司年度费用支出统计表

在商务报表中，使用折线图能够清晰地反映数据随时间的变化趋势。为了帮助观众准确地识别各个时间点对应的数据，可以在图表中使用条状背景来区分不同的时间点。下面通过一个公司年度费用支出统计表来介绍这种折线图的制作方法。

1 启动Excel 2013并打开工作表，在工作表中插入一个辅助数据列，如图3—61所示。该列由0和200交错构成，其中数字200为一个比“总支出”列中最大数据稍大的数据。选择图表中的A2:B14单元格区域插入带数据标记的折线图，如图3—62所示。

公司费用支出表		
时间	总支出	辅助数据
一月	167.71	200
二月	87.30	0
三月	67.89	200
四月	59.57	0
五月	142.53	200
六月	97.88	0
七月	69.85	200
八月	190.37	0
九月	137.46	200
十月	125.67	0
十一月	58.67	200
十二月	93.95	0

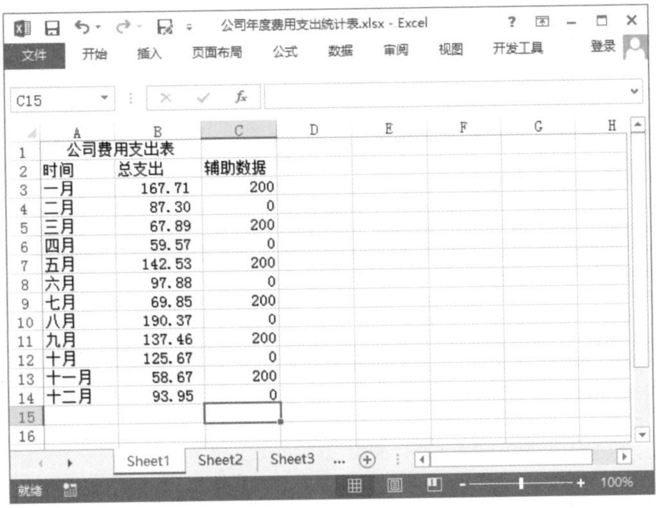

图3—61 插入辅助数据列

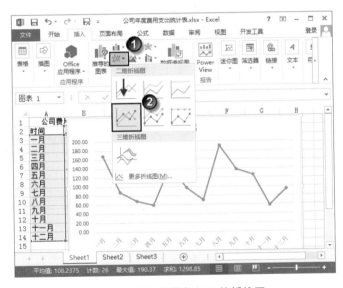

图3—62 插入带数据标记的折线图

2 选择C2:C14单元格区域，按“Ctrl+C”键复制数据。选择图表，按“Ctrl+V”键将数据粘贴到图表中为图表添加新的数据系列，如图3—63所示。选择该数据系列后右击，选择关联菜单中的“更改系列图表类型”命令打开“更改图表类型”对话框。在对话框左侧列表中选择“组合”选项，在右侧“为您的数据系列选择图表类型和轴”列表中打开“辅助数据”列表，在列表中选择柱形图更改该数据系列的图表类型，如图3—64所示。完成设置后单击“确定”按钮关闭对话框。

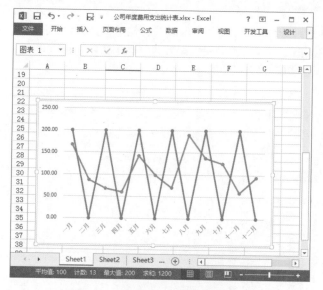

图3-63　在图表中添加新的数据系列

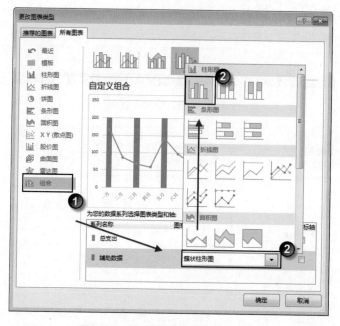

图3-64　更改数据系列的图表类型

X 3　选择图表中的柱形图，打开"设置数据系列格式"窗格，设置数据系列的"分类间距"，如图3-65所示。设置数据系列的填充颜色，如图3-66所示。选择图表中的垂直轴，更改其"最大值"和单位，如图3-67所示。

Excel商务图表从零开始学

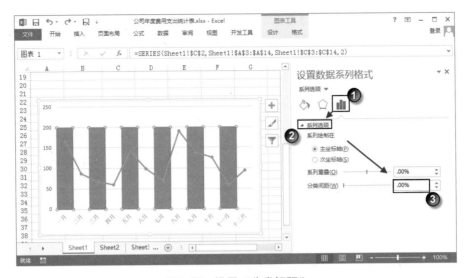

图3-65 设置"分类间距"

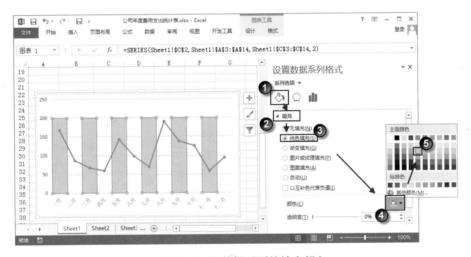

图3-66 设置数据系列的填充颜色

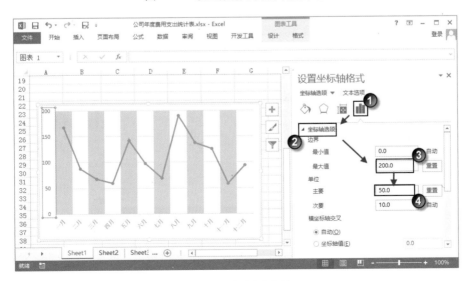

图3-67 设置垂直轴

4 选择图表中的折线，设置线条颜色，如图3-68所示。将数据标记的填充颜色设置为白色，如图3-69所示。设置数据标记边框线的颜色和宽度，如图3-70所示。

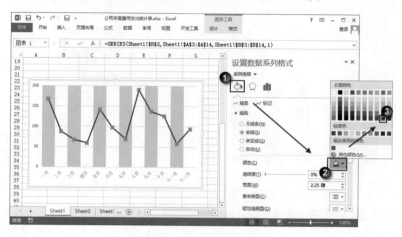

图3-68　设置折线颜色

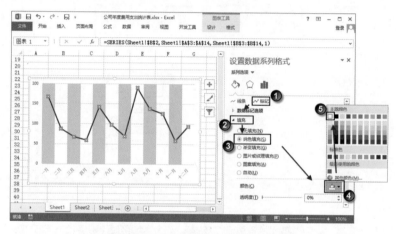

图3-69　设置数据标记的填充颜色

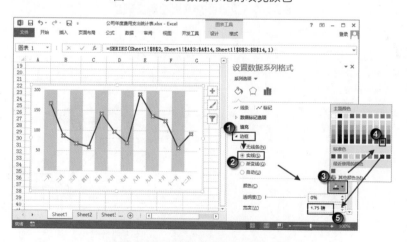

图3-70　设置边框线的颜色和宽度

5 选择图表中的网格线，设置网格线的颜色，如图3-71所示。设置网格线的短划线类型，如图3-72所示。将水平轴的颜色设置得与网格线相同，坐标轴添加刻度线标记，如图3-73所示。

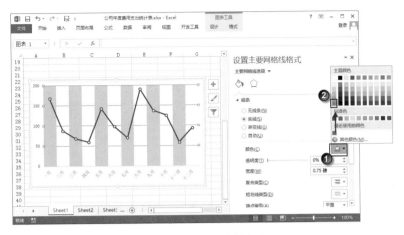

图3-71　设置网格线颜色

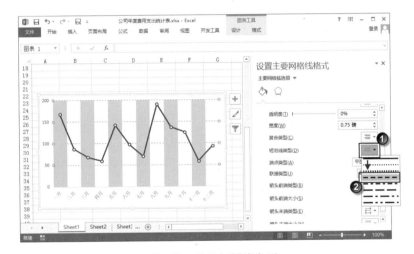

图3-72　设置短划线类型

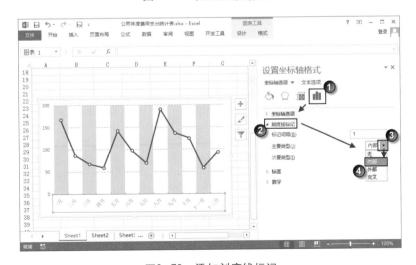

图3-73　添加刻度线标记

X技巧 6 选择图表，在"设置图表区格式"窗格的"颜色"列表中选择"其他颜色"选项，如图3-74所示。此时将打开"颜色"对话框，在"自定义"选项卡中输入颜色值设置填充颜色，如图3-75所示。完成设置后单击"确定"按钮使用设置的颜色填充图表背景。

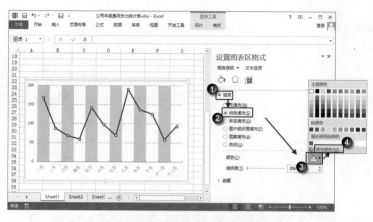

图3-74　选择"其他颜色"选项

图3-75　"颜色"对话框

7 在图表中添加标题文字和注脚文字等相关文字,对图表中文字的格式进行设置。适当调整图表的大小和各个元素和位置,案例制作完成后的效果,如图3-76所示。

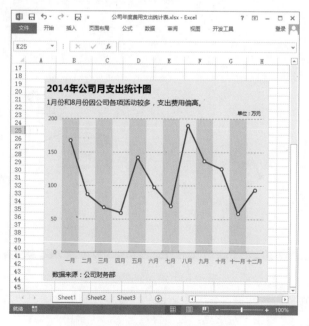

图3-76　案例制作完成后的效果

案例6 成交量环比增长图

对于销售行业的销售数据，在制作图表时制表者常常会使用柱形图来呈现数据，但是单一的柱形图表达的信息量有限。例如，对于某些销售统计图，既需要表现销量的变化情况，也需要表现环比增长率。此时，可以通过在柱形图中再添加一个折线图的方法来呈现销售量数据的环比增长情况。下面通过一个商品房市场半年成交量环比增长图的制作过程来介绍此类图表的具体制作方法。

X 1 启动Excel 2013并打开工作表，依据A2:C8单元格中的数据创建簇状柱形图，如图3-77所示。选择图表，在"格式"选项卡的"当前所选内容"组中的"图表元素"列表中选择"系列'环比增长率'"选项选择图表中的"环比增长率"数据系列，如图3-78所示。

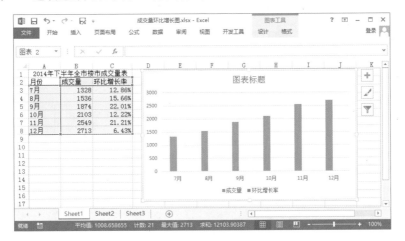

图3-77　创建簇状柱形图

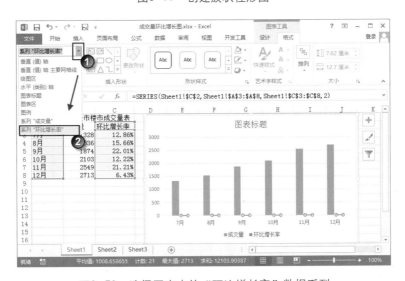

图3-78　选择图表中的"环比增长率"数据系列

X 2 打开"设置数据系列格式"窗格，单击"次坐标轴"单选按钮将该数据系列绘制到次坐标轴，如图3-79所示。在"设计"选项卡的"类型"组中单击"更改图表类型"按钮，如图3-80所示。此时将打开"更改图表类型"对话框，将选择数据系列的图表类型更改为折线图，如图3-81所示。完成设置后单击"确定"按钮关闭对话框。

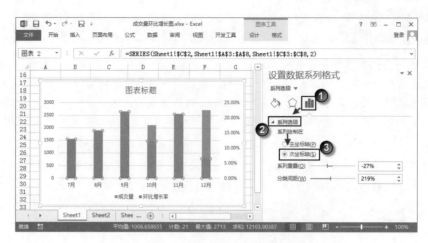

图3-79　将数据系列绘制到次坐标轴

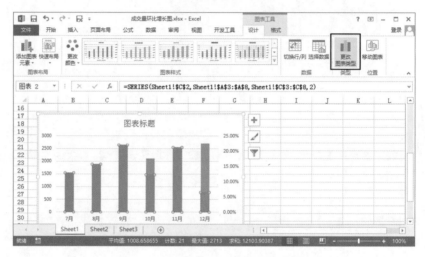

图3-80　单击"更改图表类型"按钮

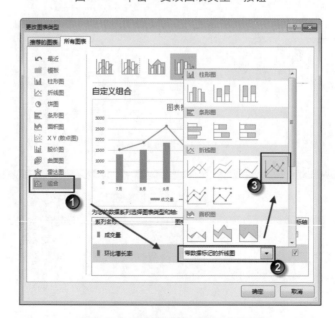

图3-81　更改数据系列的图表类型

3 在图表中选择次坐标轴，在"设置坐标轴格式"窗格中设置坐标轴的最小值和最大值，如图3-82所示。选择图表中的垂直轴，设置该坐标轴的最小值，如图3-83所示。

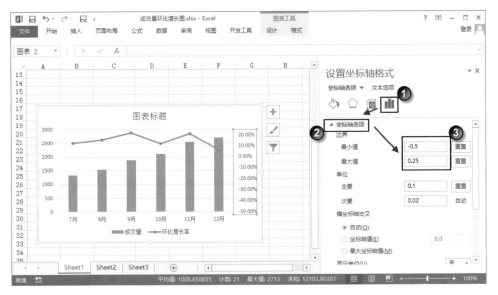

图3-82　设置坐标轴的最小值和最大值

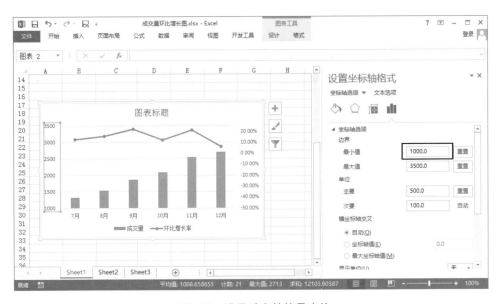

图3-83　设置垂直轴的最小值

4 选择"成交量"数据系列，设置数据系列的"分类间距"，如图3-84所示。设置数据系列的填充颜色，如图3-85所示。选择图表中的折线，设置折线的颜色，如图3-86所示。更改数据标记的填充色，如图3-87所示。

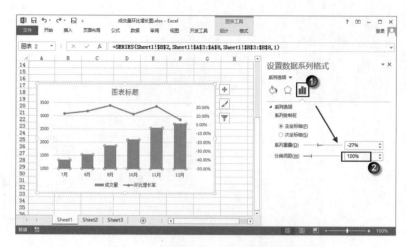

图3-84　设置数据系列的"分类间隔"

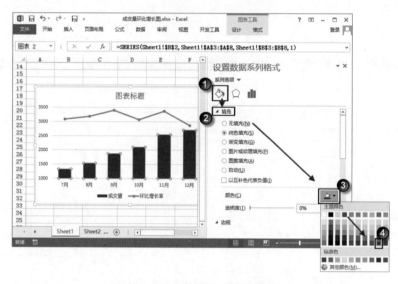

图3-85　设置数据系列的填充颜色

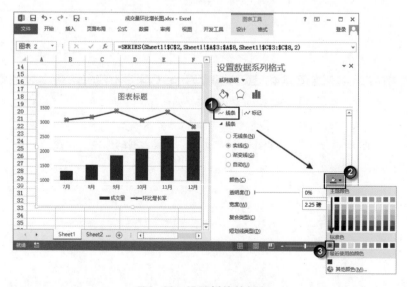

图3-86　设置折线的颜色

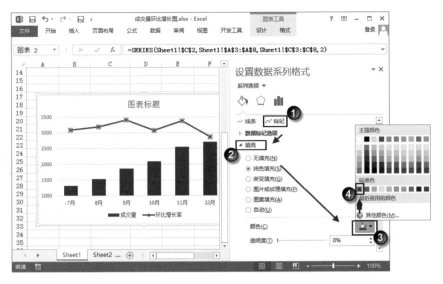

图3-87　更改数据标记的填充色

5 为"环比增长率"数据系列添加数据标签，使数据标签在上方显示，如图3-88所示。使次坐标轴不显示，如图3-89所示。将网格线设置为点划线，同时设置图表的背景填充颜色，如图3-90所示。

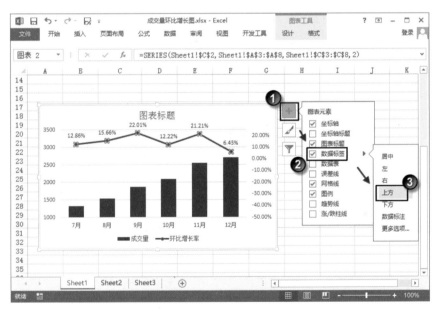

图3-88　添加数据标签

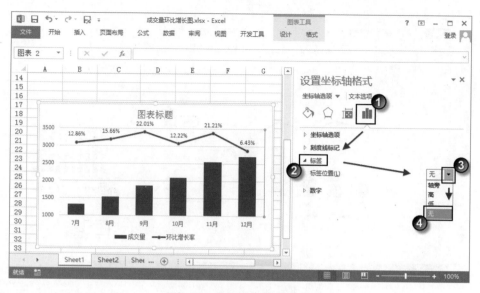

图3-89　使次坐标轴不显示

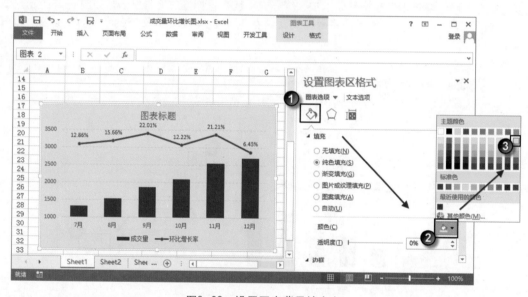

图3-90　设置图表背景填充色

6 在图表中输入标题文字，设置图表中文字的格式。设置水平轴的颜色，将图例放置到图表上方，调整图表的大小以及各元素在图表中的位置。案例制作完成后的效果，如图3-91所示。

Excel商务图表从零开始学

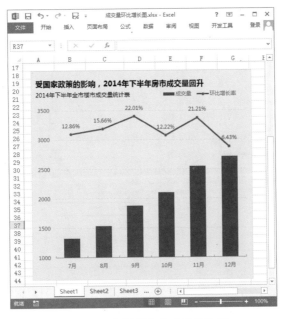

图3-91 案例制作完成后的效果

案例7 显示明细的销量统计图表

在商业统计图中，经常需要同时表现多个数量的关系。例如，在对销售情况进行统计分析时，需要在一个图表中既呈现销售在一个时间段内的整体情况，又需要表现在某个时间段内不同时间单元的情况。也就是说既需要展示整体，又需要展示整体中的部分。这类图表在制作时，可以通过对数据进行安排并将数据绘制到次坐标轴的方法来实现，下面通过一个商业案例来介绍具体的制作方法。

1 启动Excel 2013并打开图表，基于图表中的数据创建一个簇状柱形图，如图3-92所示。选择"月销售量"数据系列后右击，选择关联菜单中的"更改系列图表类型"命令打开"更改图表类型"对话框，将该数据系列的图表类型更改为带数据标记的折线图，如图3-93所示。

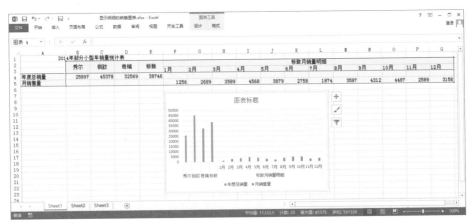

图3-92 创建簇状柱形图

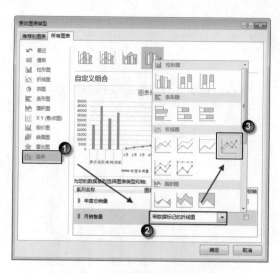

图3-93 更改数据系列的图表类型

 打开"设置数据系列格式"窗格，使"月销售量"数据系列绘制到次坐标轴，如图3-94所示。设置次坐标轴的最小值和坐标轴单位，如图3-95所示。对垂直轴进行设置，如图3-96所示。

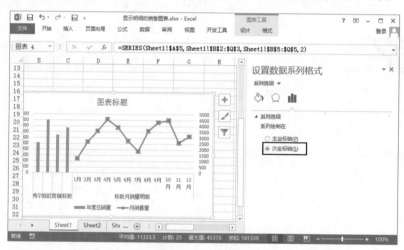

图3-94 使"月销售量"数据系列绘制到次坐标轴

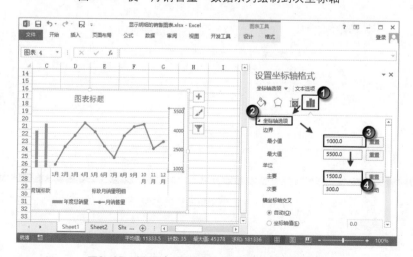

图3-95 设置次坐标轴的最小值和坐标轴单位

Excel商务图表从零开始学

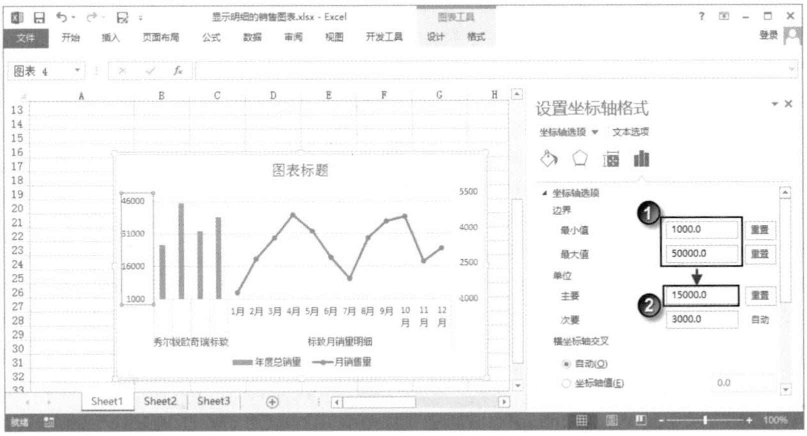

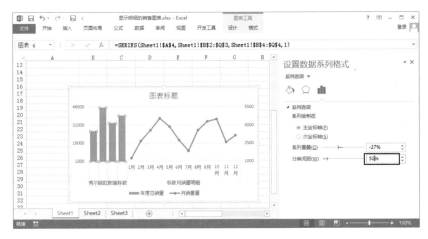

图3-96 对垂直轴进行设置

3 选择"年度总销量"数据系列，设置其"分类间距"值，如图3-97所示。设置图表背景颜色，如图3-98所示。将网格线设置为点划线，设置网格线颜色，如图3-99所示。设置水平轴的颜色，为水平轴添加刻度线，如图3-100所示。

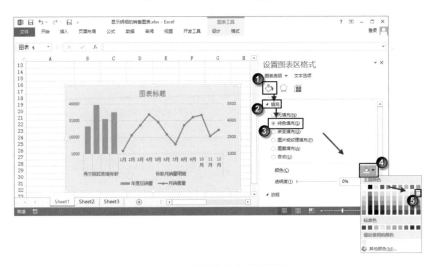

图3-97 设置"分类间距"值

图3-98 设置图表背景颜色

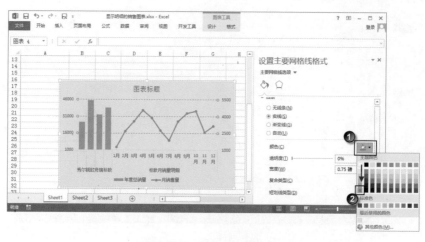

图3-99　设置网格线颜色

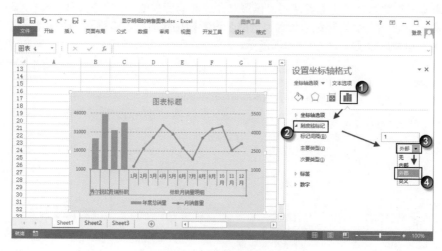

图3-100　为水平轴添加刻度线

4 在图表中添加相关文字，删除图例，调整图表大小和图表元素的位置。案例制作完成后的效果，如图3-101所示。

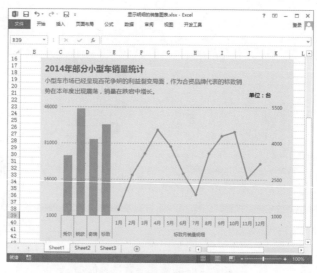

图3-101　案例制作完成后的效果

案例8 用户规模发展历程图

用户规模发展历程图可以直观展示公司业务发展的历程，图表中往往需要同时展示多个数据系列的数据，表现数据随时间的变化情况同时给出必要的注释说明。下面通过一个网站用户规模发展历程案例的制作来介绍此类图表的具体制作方法。

1 启动Excel 2013并打开工作表，基于工作表中的数据创建簇状树形图，如图3-102所示。将图表中的"注册人数"数据系列的图表类型更改为带数据标记的折线图，如图3-103所示。

图3-102 创建图表

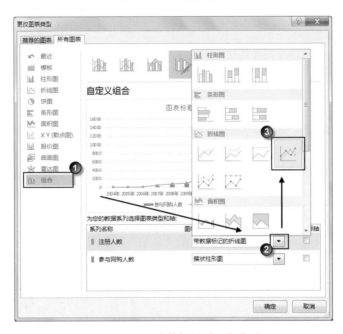

图3-103 更改数据系列图表类型

2 选择图表中的折线，将其绘制到次坐标轴，如图3-104所示。选择图表中次坐标轴，在"设置坐标轴格式"窗格中设置坐标轴的最小值和最大值，使折线在绘图区中上移，如图3-105所示。使次坐标轴不可见，如图3-106所示。

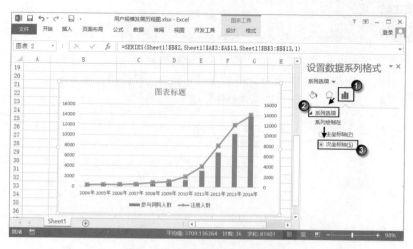

图3-104　将图表绘制到次坐标轴

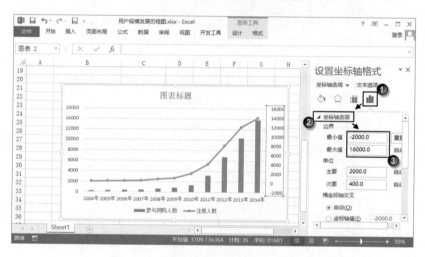

图3-105　设置坐标轴的最小值和最大值

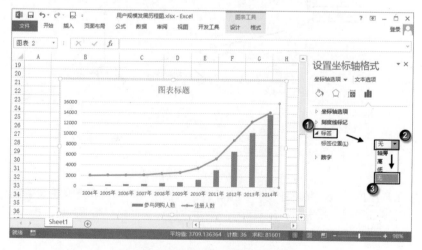

图3-106　使次坐标轴不可见

3 　选择图表中的折线，设置折线的线条颜色，如图3-107所示。设置数据标记的填充颜色为白色，如图3-108所示。将数据标记的边框颜色和宽度设置得和折线相同，如图3-109所示。

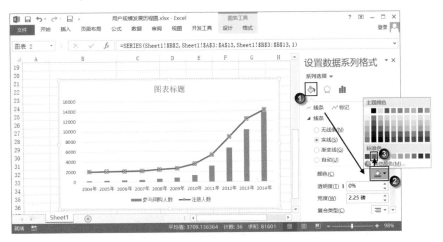

图3-107　设置折线的线条颜色

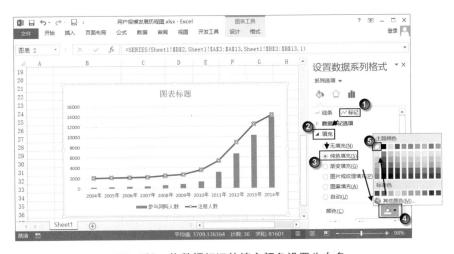

图3-108　将数据标记的填充颜色设置为白色

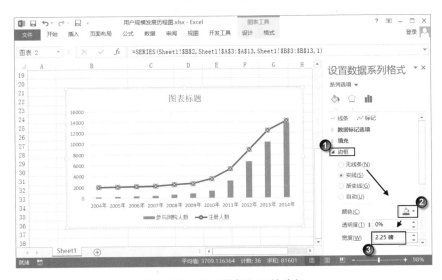

图3-109　设置数据标记的边框

步骤 4 为折线添加末端箭头，如图3-110所示。选择折线的最后一个数据点，取消其数据标记的显示，如图3-111所示。

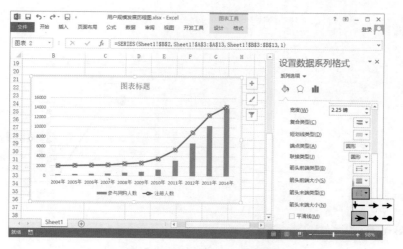

图3-110 为折线添加末端箭头

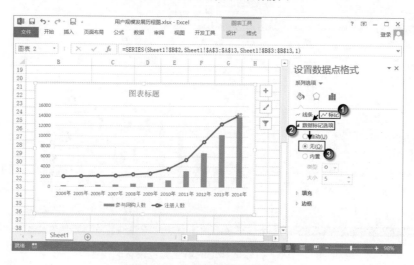

图3-111 取消数据标记的显示

X **5** 选择折线，为其添加数据标注，如图3-112所示。打开"设置数据标签"窗格，将数据标签的位置设置为"靠左"，如图3-113所示。设置数据标签的填充颜色并取消边框线，如图3-114所示。设置数据标签文本颜色，如图3-115所示。

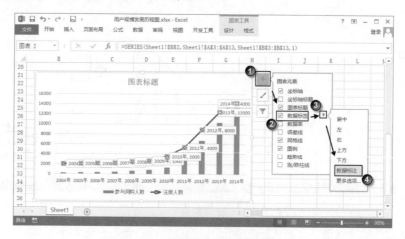

图3-112 为数据系列添加数据标注

图3-113　将数据标签的位置设置为"靠左"

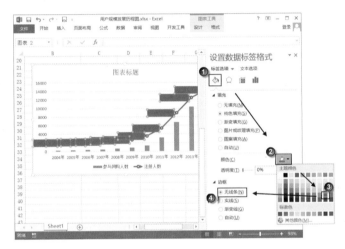

图3-114　设置填充色并取消边框

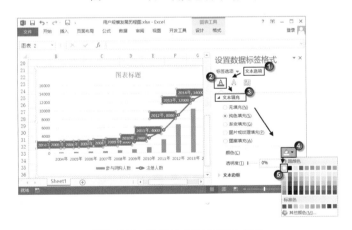

图3-115　设置数据标签文本颜色

6　在图表中选择不需要的数据标签，按"Delete"键将其删除。依次将插入点光标放置到数据标签中，更改数据标签中的文字。依次拖动数据标签调整它们在绘图区中的位置，选择所有的数据标签，设置文字的格式，如图3-116所示。

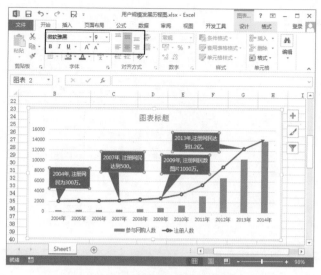

图3-116　设置数据标签文字格式

7 选择图表中的条形图，在"设置数据系列格式"窗格中设置"分类间距"值设置数据系列的宽度，如图3-117所示。设置条形图的填充颜色，如图3-118所示。设置图表的背景填充色，如图3-119所示。

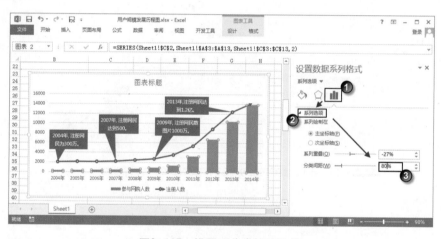

图3-117　设置"分类间距"值

图3-118　设置条形图的填充颜色

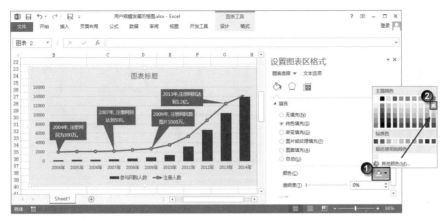

图3-119　设置图表的背景填充色

8 在图表中输入标题文字，对图表中的文字的格式进行设置。调整图表的大小和各元素的位置。案例制作完成后的效果，如图3-120所示。

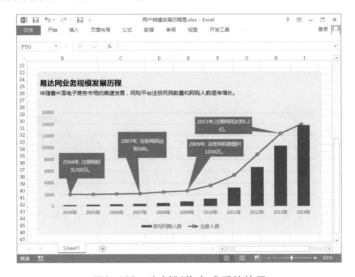

图3-120　案例制作完成后的效果

第4章 不同一般的散点图

散点图是通过一组点来显示数据系列的，数据的值由点在图表中的位置来表现。散点图能够表达两个维度的数据信息，常用于显示多个数据系列之间的关系，能够体现数据的相关性。由于散点图能够表现不同数据点间的相对位置和绝对位置，因此其也能够方便地实现数据的比较和评价。在制作商务图表时，灵活应用散点图能够制作出许多使用其他类型图表无法获得的效果。本章将对散点图在商务图表中的应用进行介绍。

案例1 品牌知名度和忠诚度分析图

在使用散点图时，多个点散落在绘图区中并不利于观察和分析。如果在绘图区划分出区域，数据点的分布情况将清晰明了，根据区域可以实现数据的差异化分类，方便判断同一个区域中数据间的强弱。在使用散点图时，最常见的区域划分方法就是将绘图区划分为4个面积相等的区域（即4个象限），下面通过一个品牌知名度和忠诚度分析图案例来介绍这种四象限散点图的具体制作方法。

步骤 1 启动Excel 2013并打开工作表，在工作表中选择一个空白单元格插入散点图，如图4-1所示。选择插入的空白图表，在"设计"选项卡的数据组中单击"选择数据"按钮，如图4-2所示。

图4-1 插入散点图

图4-2　单击"选择数据"按钮

2 此时将打开"选择数据源"对话框，单击"添加"按钮，如图4-3所示。此时将打开"编辑数据系列"对话框，在对话框中指定"X轴系列值"和"Y轴系列值"，如图4-4所示。分别单击确定按钮关闭"编辑数据系列"对话框和"选择数据源"对话框获得需要的散点图，如图4-5所示。

图4-3　"选择数据源"对话框

图4-4　"编辑数据系列"对话框

图4-5　获得需要的散点图

3 双击纵坐标轴打开"设置坐标轴格式"窗格，在"坐标轴选项"设置栏中单击"坐标轴值"单选按钮，在其后的文本框中输入数值0.5使横坐标轴上移，如图4-6所示。展开"标签"设置栏，将"标签位置"设置后为"低"，如图4-7所示。将线条的颜色设置为黑色，设置线条的线宽，如图4-8所示。

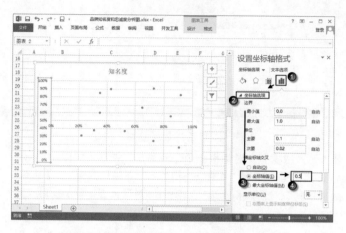

图4-6　在"坐标轴值"文本框中输入数值

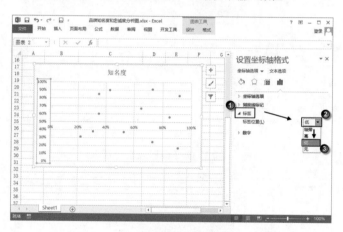

图4-7　设置标签位置

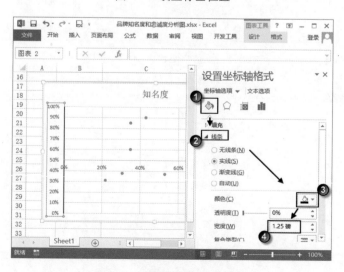

图4-8　设置线条颜色和线宽

4 选择横坐标轴，在"坐标轴选项"设置栏中单击"坐标轴数值"单选按钮，在其后文本框中输入数值0.5将纵坐标轴右移，如图4-9所示。同样地将"标签位置"设置为"低"，如图4-10所示。将横坐标轴的线条宽度和颜色设置得与纵坐标轴相同。

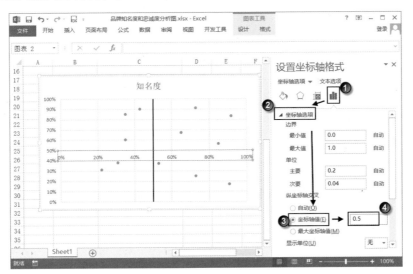

图4-9　在"坐标轴位置"文本框中输入数值0.5

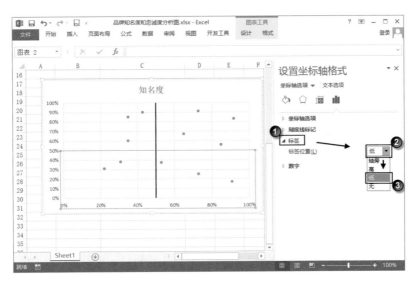

图4-10　将"标签位置"设置为"低"

5 选择绘图区，在"设置绘图区格式"窗格中单击"实线"单选按钮，将边框线条宽度和颜色设置得与坐标轴相同，如图4-11所示。选择图表，在"设置绘图区格式"窗格中设置绘图区背景的填充颜色，如图4-12所示。

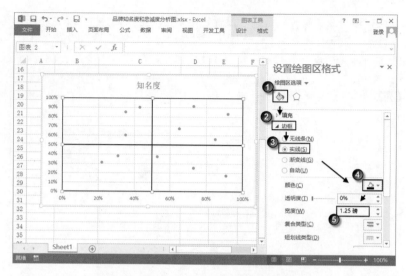

图4-11　设置绘图区边框线条颜色和宽度

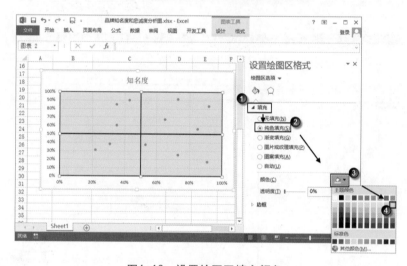

图4-12　设置绘图区填充颜色

6 选择图表中的数据系列，在"设置数据系列格式"窗格中单击"填充线条"按钮，选择其下的"标记"选项。在"数据标记选项"设置栏中单击"内置"单选按钮，在"大小"微调框中输入设置数据标记的大小，如图4-13所示。展开"填充"设置栏设置数据标记的填充颜色，如图4-14所示。展开"边框"设置栏设置数据标记边框颜色，如图4-15所示。

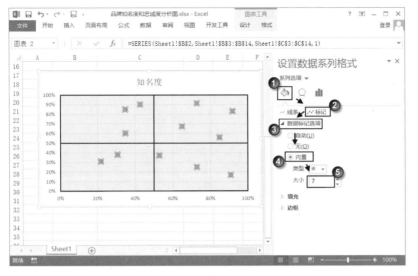

图4-13　设置数据标记的大小

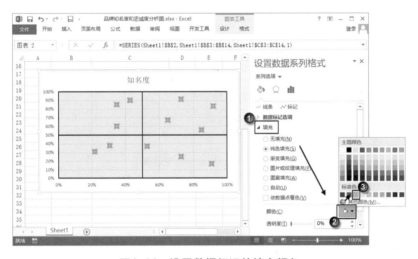

图4-14　设置数据标记的填充颜色

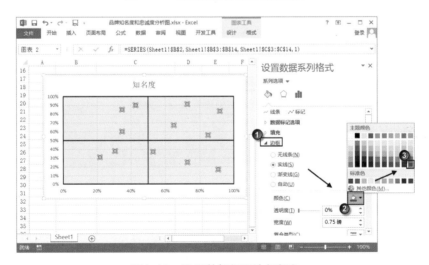

图4-15　设置数据标记边框颜色

7 为数据系列添加数据标签并取消它们的引导线，更改标签显示的文字，如图4-16所示。使用相同的方法更改其他数据标签文字，设置文字的字体和大小，根据需要调整它们的位置。

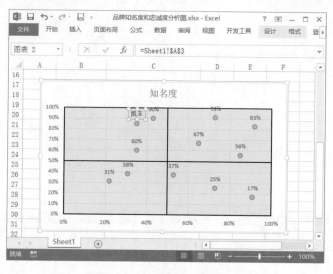

图4-16　更改数据标签文字

8 删除图表中的网格线，输入标题文字并插入坐标轴注释文字，设置文字的字体和大小，设置图表的填充色并调整图表各元素的大小和位置。案例制作完成后的效果，如图4-17所示。

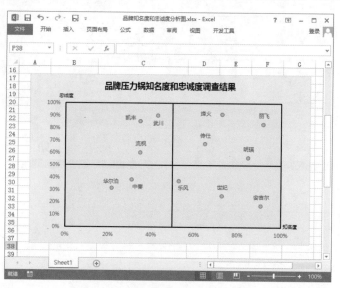

图4-17　案例制作完成后的效果

案例2 / 库龄分析图

　　在制作Excel商务图表时，经常需要对数据按照类别进行分组，以便对相同类别的数据进行分析比较。在使用条形图解决此类问题时，如果数据分类和数据点都比较多时，图表中就会存在着过多的条形，这样往往达不到需要的显示效果。为了形象直观地展示数据，可以在图表中让每一个数据分类对应一个横贯图表的滑轨，属于该类的各个数据点是位于滑轨上的图形。下面通过一个库龄分析图来介绍这类图表的制作方法。

步骤 1 启动Excel 2013并打开工作表，在工作表中添加辅助数据，如图4-18所示。其中，"滑轨长度"列中的数据用于制作条形图，"Y值"列的数据将作为散点图中散点的Y值。

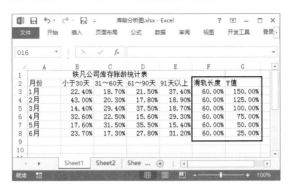

图4-18 输入辅助数据

步骤 2 在工作表中选择B2:F8单元格区域，创建簇状条形图，如图4-19所示。在图表中双击纵坐标轴打开"设置坐标轴格式"窗格，在"坐标轴选项"设置栏中勾选"逆序类别"复选框反转分类次序，如图4-20所示。

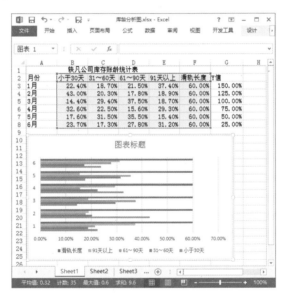

图4-19 创建簇状条形图

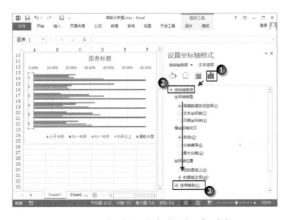

图4-20 勾选"逆序类别"复选框

3 在图表中右击任意一个数据系列，选择关联菜单中的"更改系列图表类型"命令打开"更改图表类型"对话框，在对话框中将除了"滑轨长度"之外的数据系列的图表类型均更改为"散点图"，如图4-21所示。完成设置后单击"确定"按钮关闭对话框。

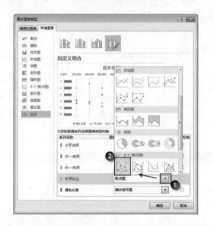

图4-21　更改数据系列的图表类型

4 右击图表，选择关联菜单中的"选择数据"命令打开"选择数据源"对话框。在对话框的"图例项（系列）"列表中选择第一个数据系列选项，单击"编辑"按钮，如图4-22所示。此时将打开"编辑数据系列"对话框，将插入点光标放置到对话框的"X轴系列值"文本框，拖动鼠标框选B3:B8单元格区域，该单元格区域的值被指定为散点图中散点的X值。删除"Y轴系列值"文本框中的内容，在图表中拖动鼠标框选G3:G8单元格区域将散点的Y值指定为G3:G8单元格区域的值，如图4-23所示。完成设置后单击"确定"按钮关闭"编辑数据系列"对话框。

图4-22　"选择数据源"对话框

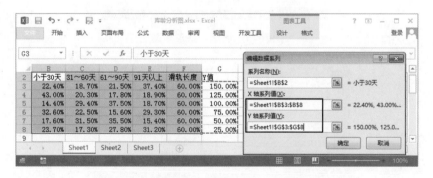

图4-23　设置"X轴系列值"和"Y轴系列值"

5 使用相同的方法对除了"滑轨长度"数据系列之外的其他数据系列进行设置，使它们的X值为对应的评分值，Y值为G3:G8单元格区域中的值。完成设置后单击"确定"按钮关闭"选择数据源"对话框。此时图表中的散点将按照分类水平放置，如图4-24所示。双击图表中的条形图打开"设置数据系列"窗格，在"系列选项"设置栏中拖动"分类间距"滑块将条形图变窄，如图4-25

Excel商务图表从零开始学

所示。

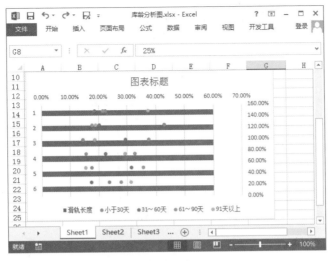

图4-24　散点按照分类水平放置

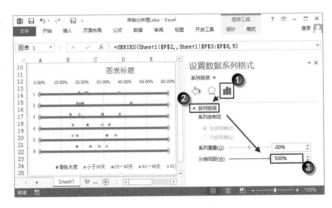

图4-25　使条形图变窄

[X] 6　如果图表中的"Y值"列数值设置不合理，就会出现图4-26中散点与作为滑轨的长条无法对齐的情况，此时可以通过重新设置"Y值"列数值来使它们对齐，如图4-26所示。取消图表中条形的填充颜色并对边框线进行设置，如图4-27所示。

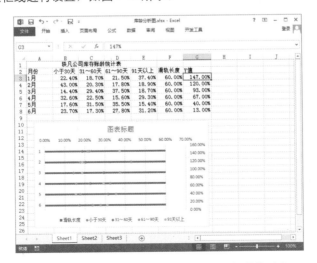

图4-26　调整"Y值"列的数值使散点与滑轨对齐

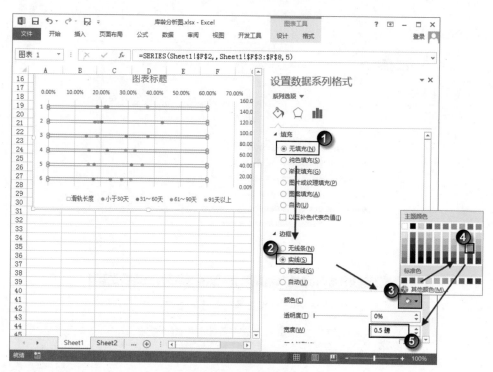

图4-27 设置条形的样式

7 在图表中选择一个散点数据系列，在"设置数据系列格式"窗格中选择"标记"选项，单击"内置"单选按钮，设置数据标记大小，如图4-28所示。展开"填充"设置栏，单击"无填充"单选按钮取消对数据标记的填充，展开"边框"设置栏设置边框颜色和宽度，如图4-29所示。在图表中选择主要横坐标轴，在"设置坐标轴格式"窗格的"坐标轴选项"设置栏中将"最大值"设置为0.6使滑轨横贯整个图表区，如图4-30所示。

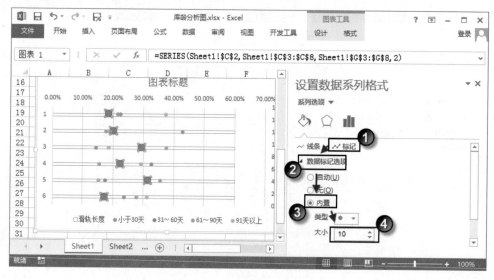

图4-28 设置数据标记的大小

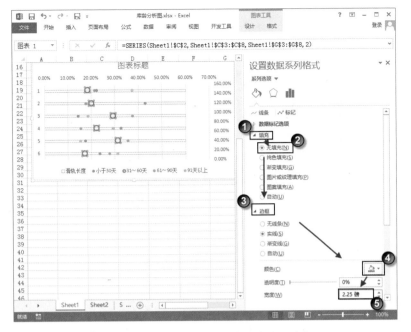

图4-29 设置数据标记的填充方式和边框

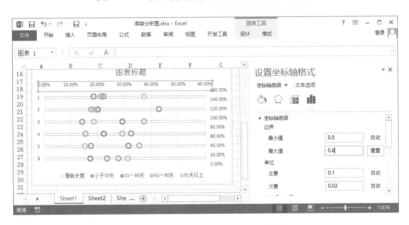

图4-30 设置水平轴的"最大值"

步骤 8 右击图表，选择关联菜单中的"选择数据"命令打开"选择数据源"对话框。在对话框的"图例项（系列）"列表中选择"滑轨长度"选项，单击"水平（分类）轴标签"栏中的"编辑"按钮，如图4-31所示。此时将打开"轴标签"对话框指定轴标签区域，如图4-32所示。分别单击"确定"按钮关闭这两个对话框，垂直坐标轴标签发生改变，如图4-33所示。

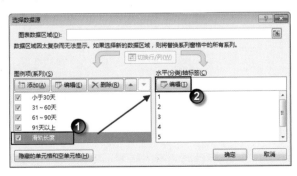

图4-31 单击"编辑"按钮

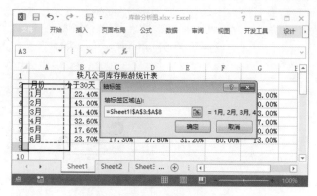

图4-32　指定轴标签区域

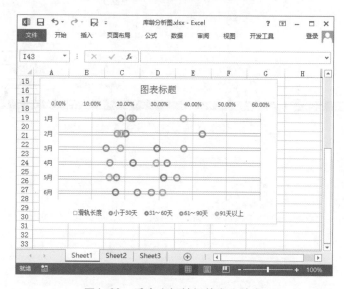

图4-33　垂直坐标轴标签发生改变

X 9 在图表中输入标题文字，删除"滑轨长度"图例项，设置坐标轴标签和图例文字的样式，调整图表和图表元素的大小。案例制作完成后的效果，如图4-34所示。

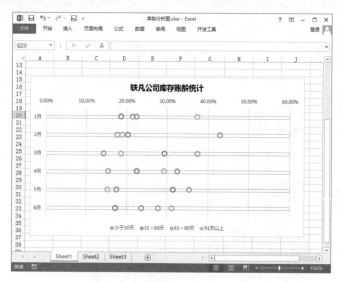

图4-34　案例制作完成后的效果

案例3 阶梯货币资金总量变化图

　　企业的持续经营离不开足够的货币资金以用于支付各项费用、购置生产资料以及清偿应付债务等。但过度的货币资金占用又会影响到企业的生产经营获得，从而影响到收益的增长。因此，对于企业的管理者来说，应该让货币资金总量保持在一个合理的范畴内。这样，对货币资金总量进行分析并制订有针对性的调整策略，是财务人员和企业经营者所要重点考虑的问题。本节将介绍一个阶梯货币资金总量图表的制作案例，图表以阶梯图的形式直观呈现相邻月份资金总量的变化情况。

📷 1 启动Excel 2013并打开工作表，在工作表中插入两个辅助数据列。其中，"Y误差线"列中的数据是"货币资金总量"列中后一个月与前一个月数据的差，如图4-35所示。依据工作表中的A2:B14单元格区域的数据创建散点图，如图4-36所示。

图4-35　添加辅助数据

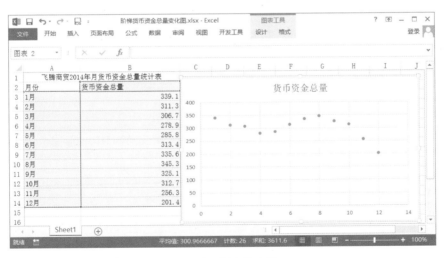

图4-36　创建散点图

📷 2 选中图表，在图表中插入标准误差线，如图4-37所示。选中图表，在格式选项卡的当前所选内容组的图表元素列表中选择"系列'货币资金总量' X 误差线"选项选择X误差线，如图4-38所示。打开"设置误差线格式"窗格，单击"负偏差"单选按钮使X误差线从右向左，单击"无线端"单选按钮使误差线的连接平滑。由于本案例显示1月到12月的误差量，横坐标的刻度间隔为1，因此单击"固定值"单选按钮并将其值设置为1，如图4-39所示。

151

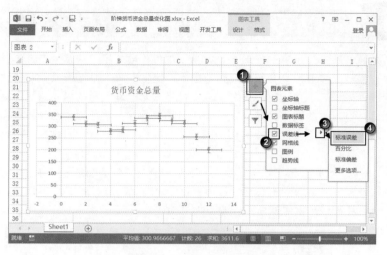

图4-37　插入标准误差线

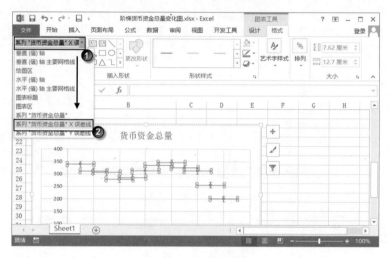

图4-38　选择X误差线

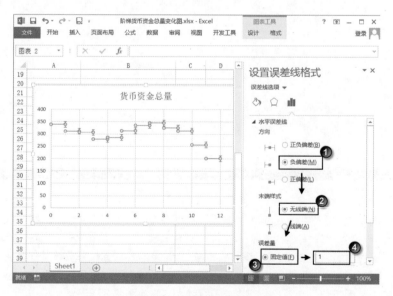

图4-39　设置X误差线

3 选择Y误差线，在"设置误差线格式"窗格中对Y误差线进行设置，如图4-40所示。在"设置误差线格式"窗格中单击"自定义"单选按钮后单击"指定值"按钮，如图4-41所示。此时将打开"自定义错误栏"对话框，在对话框中将"负错误值"指定为工作表中"Y误差值"列，如图4-42所示。完成设置后单击"确定"按钮关闭对话框，图表将获得阶梯图效果，如图4-43所示。

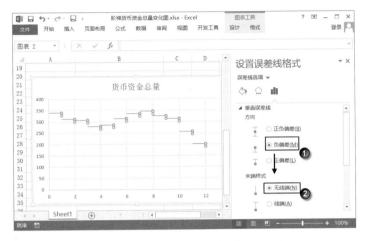

图4-40 设置Y误差线

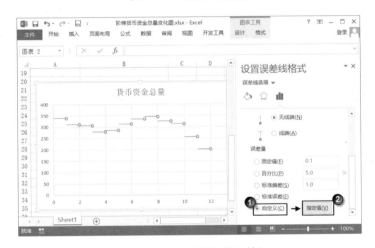

图4-41 单击"指定值"按钮

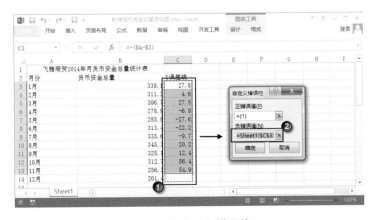

图4-42 指定"负错误值"

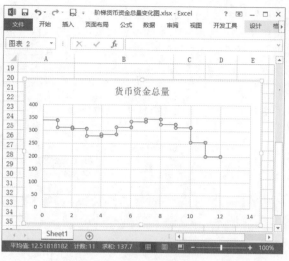

图4-43　获得阶梯图

 4 选择图表中的数据系列，使数据标记不可见，如图4-44所示。选择X误差线，将线条颜色设置为黑色并设置线宽，如图4-45所示。选择Y误差线对其应用相同的设置。

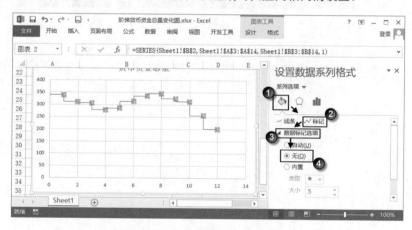

图4-44　使数据标记不可见

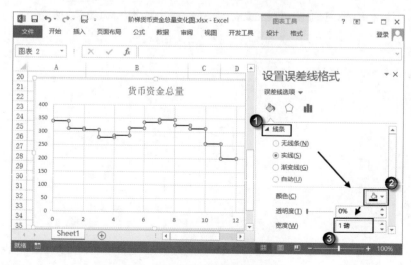

图4-45　设置线条颜色和线宽

5 选择水平坐标轴，设置最小值、最大值以及主要刻度单位，如图4-46所示。展开"数字"设置栏，在"类别"列表中选择"自定义"选项，在"格式代码"文本框中输入格式代码自定义水平轴标签文字格式，单击"添加"按钮添加该格式代码使水平轴文字标签显示月份信息，如图4-47所示。

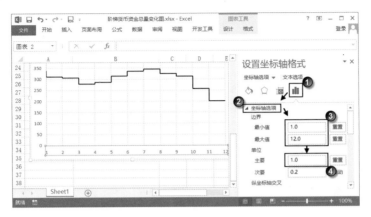

图4-46 设置水平轴最小值、最大值以及主要刻度单位

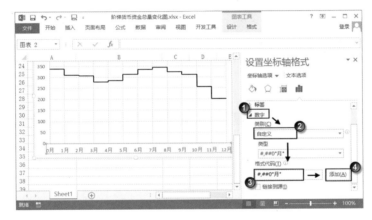

图4-47 设置水平轴标签文字格式

6 删除垂直网格线，设置水平网格线样式。对坐标轴线宽、颜色和标签文字样式进行设置。添加标题文字，设置图表填充颜色，调整图表大小和各元素的位置。案例制作完成后的效果，如图4-48所示。

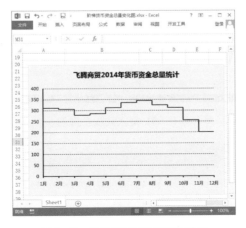

图4-48 案例制作完成后的效果

在对任务的完成情况进行评估时，经常需要使用图表展示与目标相关的数据，图表要能够对目标的完成情况从定量和定性两个方面来反映。要满足这种需求，可以使用一种成为子弹图的图表类型。在这种图表中使用横线和竖线来分别代表目标数据和实际数据，这可以用于对目标的完成情况进行定量分析。图表中以不同颜色和不同长度的长条来对目标的完成情况进行定性的展示，分别代表完成情况的一般、良好和优秀。下面通过一个公司销售任务完成对比分析图为例来介绍此类图表的具体制作方法。

Step 1 启动Excel 2013并打开工作表。图表的B3:F6单元格区域给出的公司下辖各分公司销售任务完成数据以及对完成情况的定性评估标准（单位：亿元）。完成销售额在6千万元以下的评价为"一般"，完成销售额在6千万元至8千万元的评价为"良好"，完成销售额在8千万至1.5亿元的评价为"优秀"。为了绘制图表，在工作表中创建"y值"数据列，如图4-49所示。

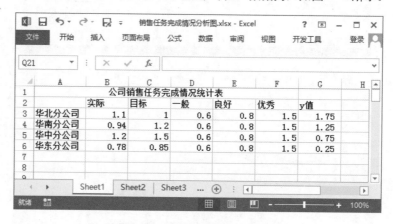

图4-49　用于绘制图表的数据

Step 2 在工作表中选择A2:F6单元格区域，插入一个堆积条形图，如图4-50所示。选择图表，在"设计"选项卡的"数据"组中单击"切换行/列"按钮切换行列，如图4-51所示。选择垂直坐标轴，在"设置坐标轴格式"窗格中勾选"逆序类别"复选框反转分类次序，如图4-52所示。

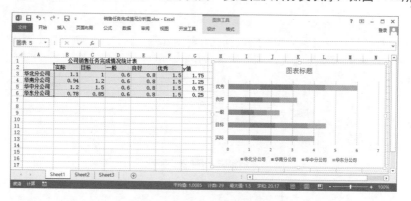

图4-50　插入堆积条形图

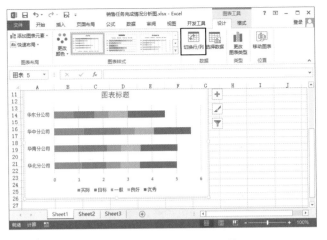

图4-51　单击"切换行/列"按钮

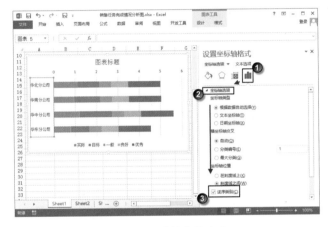

图4-52　反转分类次序

步骤 3　打开"更改图表类型"对话框，更改"实际"和"目标"数据系列的图表类型，如图4-53所示。右击图表，选择关联菜单中的"选择数据"命令打开"选择数据源"对话框。在对话框的"图例项（系列）"列表中选择"实际"选项，单击"编辑"按钮，如图4-54所示。

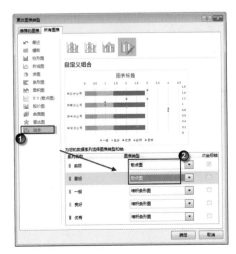

图4-53　更改"实际"和"目标"数据系列的图表类型

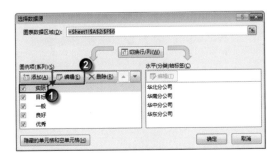

图4-54　"选择数据源"对话框

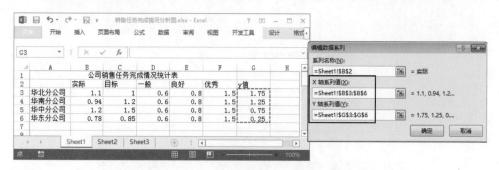

步骤 4 此时将打开"编辑数据系列"对话框，在对话框中指定"X轴系列值"和"Y轴系列值"，如图4-55所示。完成设置后单击"确定"按钮关闭"编辑数据系列"对话框。使用相同的方法设置"目标"数据系列的"X轴系列值"和"Y轴系列值"，完成设置后的图表，如图4-56所示。

图4-55　指定"X轴系列值"和"Y轴系列值"

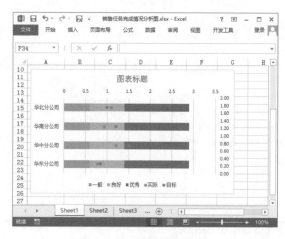

图4-56　完成设置后的图表

步骤 5 选择图表中的"实际"数据系列，为其添加标准误差线，如图4-57所示。右击图表中的Y误差线，选择关联菜单中的"设置错误栏格式"命令打开"设置误差线格式"窗格，取消误差线的线端，单击"固定值"单选按钮，将误差量设置为0.1，如图4-58所示。选择X误差线，将误差量设置为0，如图4-59所示。

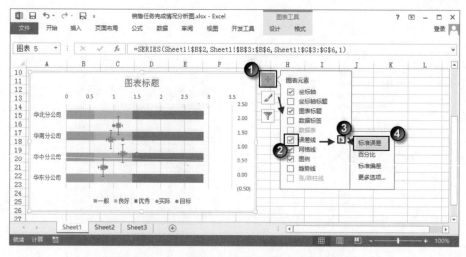

图4-57　为"实际"数据系列添加标准误差线

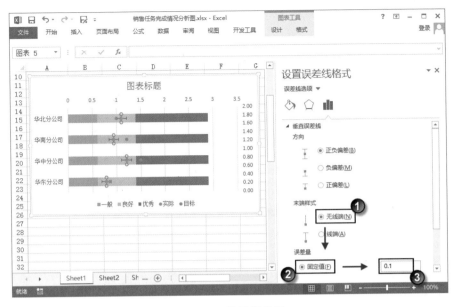

图4-58　设置误差量

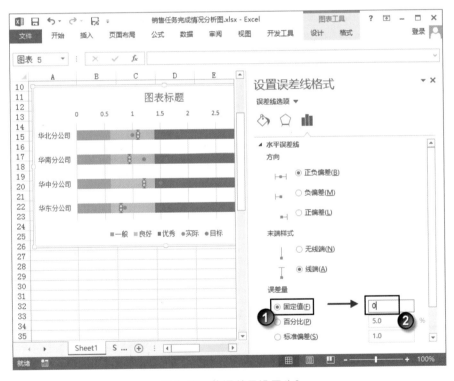

图4-59　将误差量设置为0

6 选择Y误差线，设置线条的颜色和宽度，如图4-60所示。选择"实际"数据系列，取消其数据标记的显示，如图4-61所示。选择"目标"数据系列的Y误差线，将其"固定值"设置为0，如图4-62所示。

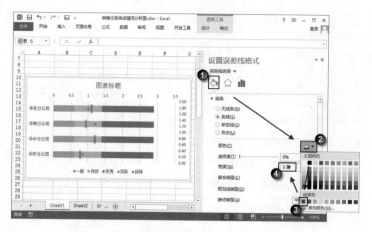

图4-60　设置Y误差线线条颜色和宽度

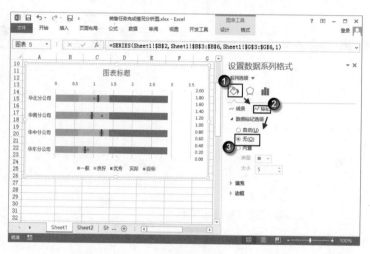

图4-61　取消数据标记的显示

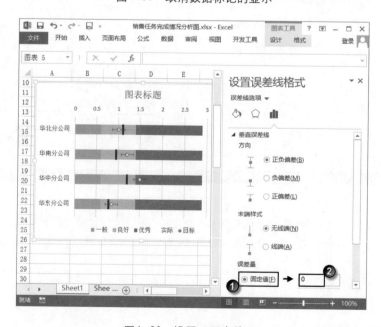

图4-62　设置"固定值"

X 7 选择"目标"系列的X误差线，将"方向"设置为"负偏差"，将"末端样式"设置为"无线端"，如图4-63所示。单击"误差量"栏中的"自定义"单选按钮后单击"指定值"按钮，如图4-64所示。此时将打开"自定义错误栏"对话框，指定"负错误值"，如图4-65所示。设置完成后单击"确定"按钮关闭对话框。

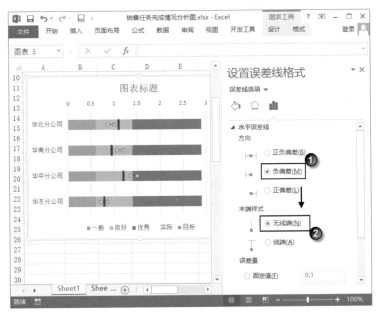

图4-63　设置X误差线

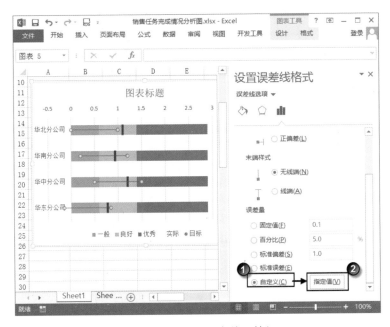

图4-64　单击"指定值"按钮

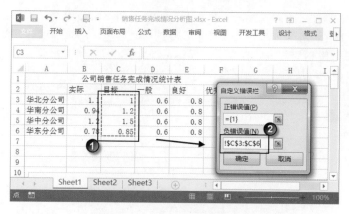

图4-65 指定"负错误"值

 **X 8** 设置X误差线的颜色和宽度,如图4-66所示。选择"目标"数据系列,设置数据标记的形状和大小,如图4-67所示。设置数据标记的填充颜色并取消边框线,如图4-68所示。

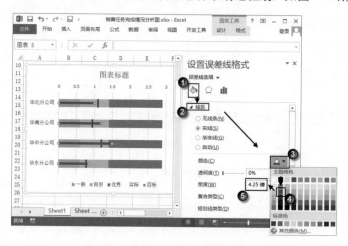

图4-66 设置X误差线的颜色和宽度

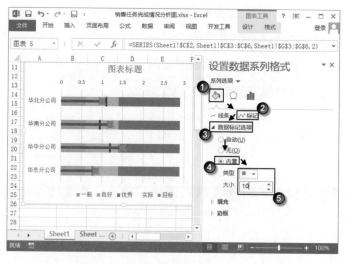

图4-67 设置数据标记的形状和大小

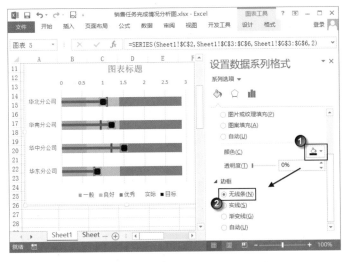

图4-68 设置填充颜色并取消边框线

09 选择图表中任意一个条形数据系列，设置其"分类间距"的值，如图4-69所示。选择图表中的水平轴，设置其最小值和最大值，如图4-70所示。取消图表中次坐标轴的显示。

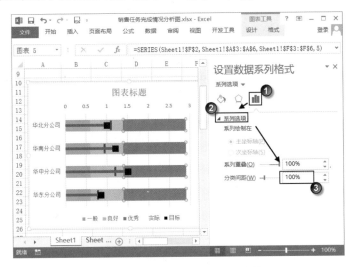

图4-69 设置"分类间距"的值

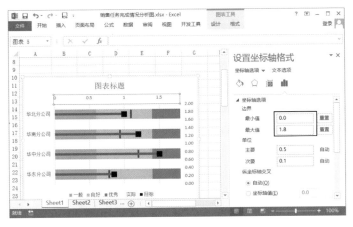

图4-70 设置坐标轴的最小值和最大值

X 10 依次设置图表中条形数据系列的填充颜色，如图4—71所示。设置坐标轴样式，添加标题文字和单位文字，调整图表大小以及各图表元素的位置。案例制作完成后的效果，如图4—72所示。

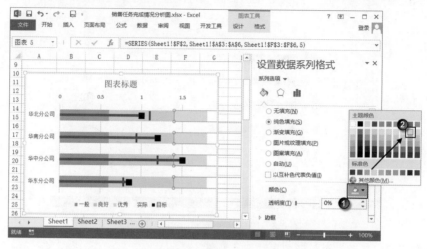

图4—71　设置条形数据系列的填充颜色

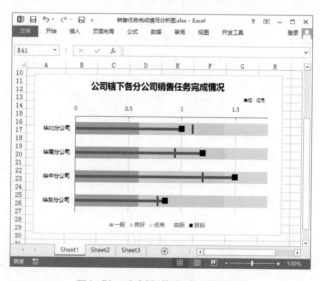

图4—72　案例制作完成后的效果

案例5 / 销售收入结构图

在对企业的营运状况进行统计时，常常会统计产品占据总销售额的份额，以此来衡量营销收入的重心所在。制作此类表现占比的图表，可以使用的图表类型很多。如果需要在表现形式上富于创新，则可以使用方块图。方块图是一种新颖别致的图表，其在一个10×10的方格中通过色块的数量来表达一个百分比数值。这种图表可以使用XY散点图来制作，下面通过一个案例来介绍这种图表的制作方法。

X 1 启动Excel 2013并打开工作表，如图4—73所示。本案例的占比数为87％，将该数据放置在工作表的C3单元格中。图表的A3:B102单元格区域放置构建散点图的X轴和Y轴的系列值。其中A3:A102单元格区域是10个重复的1～10数据，B3:B12单元格区域放置数字1，B13:B22单元格区域放置数字2，其他的依此类推。

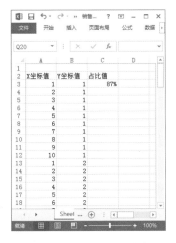

图4-73 工作表中的数据

X 2 在"公式"选项卡的"定义的名称"组中单击"名称管理器"按钮打开"名称管理器"对话框。单击对话框中的"新建"按钮，如图4-74所示。此时将打开"新建名称"对话框，在对话框中的"名称"文本框中输入名称，在"引用位置"文本框中输入公式"=OFFSET($A$2,1,0,$C$3*100,1)"，如图4-75所示。单击"确定"按钮关闭对话框完成X轴源数据引用名称的创建。使用相同的方法指定Y轴源数据的引用名称，如图4-76所示。

图4-74 打开"名称管理器"对话框

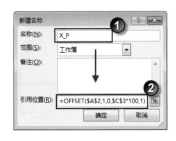

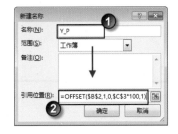

图4-75 定义名称   图4-76 指定Y轴源数据的引用名称

X 3 在工作表中插入一个空白散点图，右击图表选择关联菜单中的"选择数据"命令打开"选择数据源"对话框。单击对话框中的"添加"按钮，如图4-77所示。在打开的"编辑数据系列"对话框中设置"系列名称"、"X轴系列值"和"Y轴系列值"，如图4-78所示。安插设置后分别单击"确定"按钮，关闭"编辑数据系列"对话框和"选择数据源"对话框，此时获得的散点图，如图4-79所示。

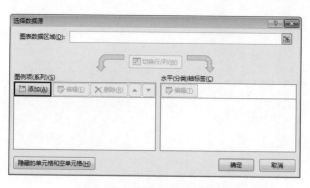

图4-77 单击"添加"按钮

图4-78 "编辑数据系列"对话框

图4-79 创建的散点图

4 选择图表中的垂直坐标轴，设置其最小值、最大值和单位，如图4-80所示。对水平坐标轴进行相同的设置，如图4-81所示。

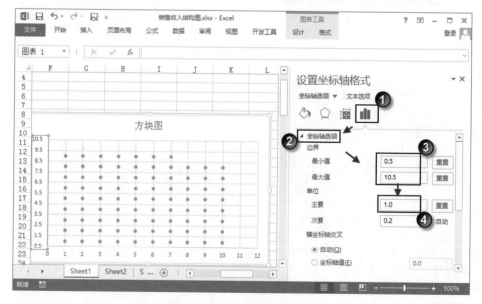

图4-80 对垂直轴进行设置

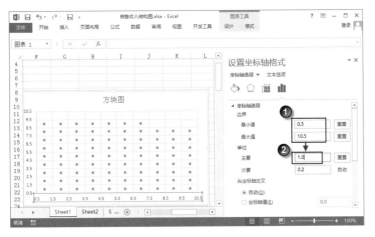

图4-81 对水平坐标轴进行设置

5 选择图表中的数据系列，设置数据标记的类型、大小和填充颜色，如图4-82所示。将数据标记的边框线设置为白色，将图表网格线的颜色也设置为白色。设置绘图区的填充颜色，如图4-83所示。设置图表区的背景颜色，如图4-84所示。

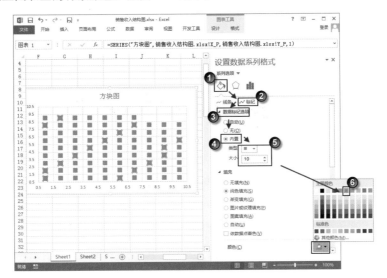

图4-82 设置数据标记的类型、大小和填充颜色

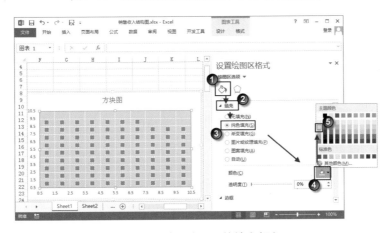

图4-83 设置绘图区的填充颜色

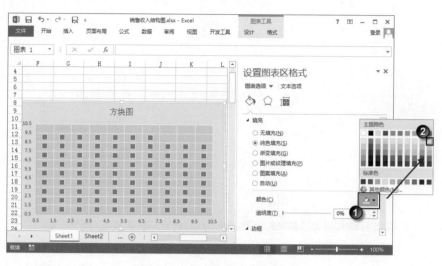

图4-84　设置图表区的背景颜色

X ⑥ 调整绘图区和图表区的大小，使绘图区成为一个正方形，去除绘图区的外边框。使用文本框在图表中添加标题和注释文字，在图表中添加分隔线。案例制作完成后的效果，如图4-85所示。

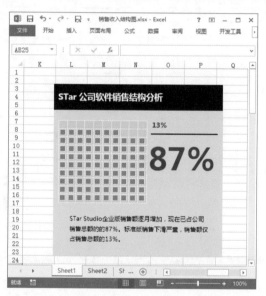

图4-85　案例制作完成后的效果

案例6　企业大事记图

企业大事记图用于描述企业的发展历程，其主要借助于时间轴描述关键时间点上所发生的关键性事件。大事记图可以利用散点图和误差线来制作。下面通过一个案例来介绍具体的制作方法。

X ① 启动Excel并打开工作表，在图表中添加辅助数据，这里的辅助数据全部使用0，如图4-86所示。在图表中插入一个空白的XY散点图。

图4-86　在工作表中添加辅助数据

2　右击创建的空白图表，选择关联菜单中的"选择数据"命令打开"选择数据源"对话框，在对话框中单击"添加"按钮，如图4-87所示。此时将打开"编辑数据系列"对话框，在对话框中指定"X轴系列值"和"Y轴系列值"，如图4-88所示。单击"确定"按钮关闭对话框。为图表添加第二个数据系列，如图4-89所示。单击"确定"按钮关闭"选择数据源"对话框。

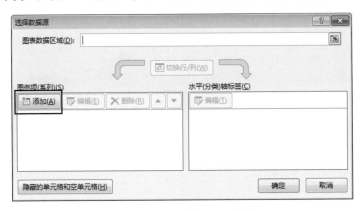

图4-87　"选择数据源"对话框

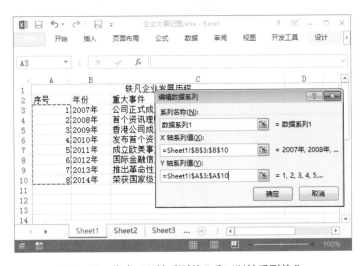

图4-88　指定"X轴系列值"和"Y轴系列值"

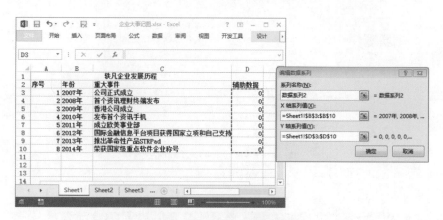

图4-89　添加第二个数据系列

3 选择图表中的"数据系列1"数据系列，为其添加误差线，如图4-90所示。选择水平误差线，取消其显示，如图4-91所示。选择垂直误差线，将其"方向"设置为"负偏差"，取消其线端，误差量设置为100%，如图4-92所示。将误差线的颜色设置为黑色，宽度为1.25磅，如图4-93所示。

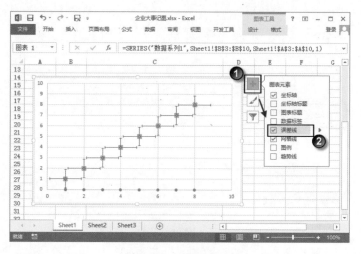

图4-90　添加误差线

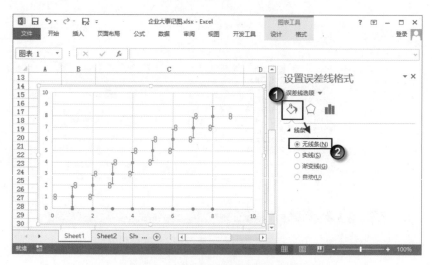

图4-91　取消水平误差线的显示

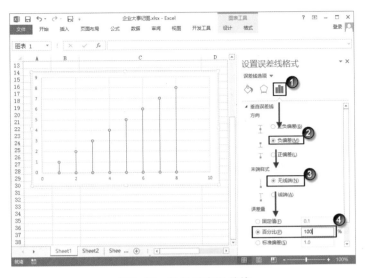

图4-92　设置垂直误差线

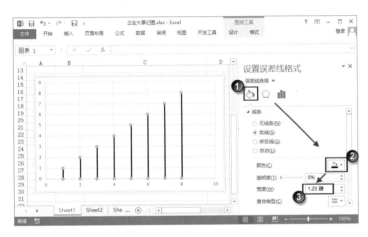

图4-93　设置误差线的颜色和宽度

X骤 4 选择水平坐标轴，设置其最小值、最大值和刻度单位，如图4-94所示。取消坐标轴标签的显示，如图4-95所示。将水平轴的颜色和线宽设置得和Y误差线相同，删除图表中的垂直坐标轴并取消网格线的显示。

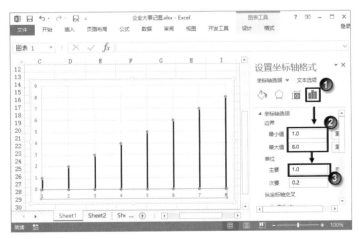

图4-94　设置水平坐标轴的最小值、最大值和刻度单位

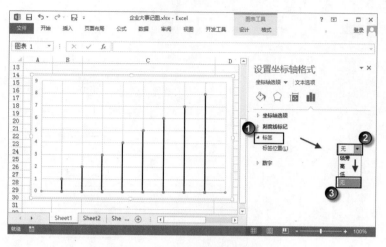

图4-95 取消坐标轴标签的显示

 5 选择位于水平轴上的数据系列，取消其数据标记的显示，如图4-96所示。选择"数据系列1"数据系列，设置其数据标记的大小，如图4-97所示。将数据标记的填充颜色设置为黑色，同时取消其边框线，如图4-98所示。

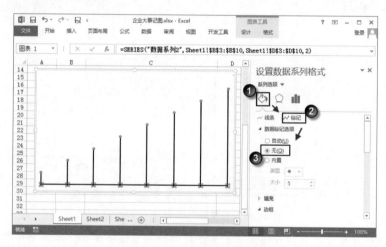

图4-96 取消数据标记的显示

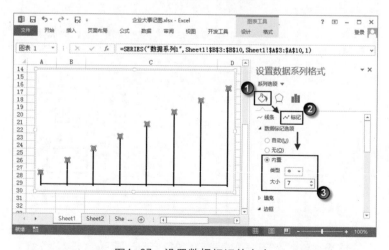

图4-97 设置数据标记的大小

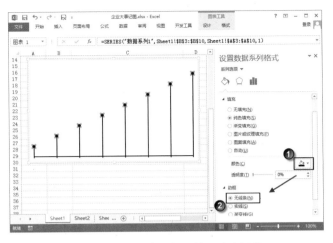

图4-98　设置填充颜色并取消边框线

X 6　为图表中的数据系列添加数据标签，使"数据系列1"数据系列的数据标签不显示引导线同时使其靠左显示，如图4-99所示。使"数据系列2"数据系列的数据标签靠下显示，如图4-100所示。

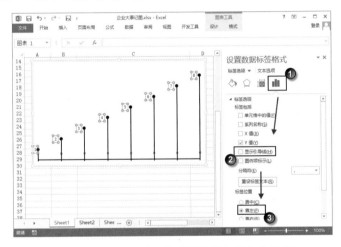

图4-99　不显示引导线并使数据标签靠左显示

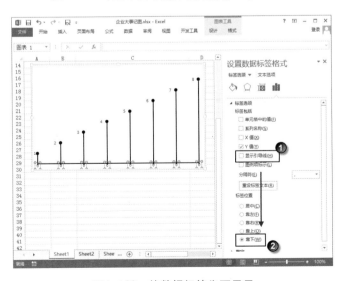

图4-100　使数据标签靠下显示

7 依次指定各个数据标签显示的文字内容并调整数据标签的大小和位置,如图4-101所示。选择图表,在"设置图表区格式"窗格中单击"图片或纹理填充"单选按钮后单击"文件"按钮,如图4-102所示。在打开的"插入图片"对话框中选择需要插入的图片,如图4-103所示。单击"插入"按钮将图片插入到图表区中。

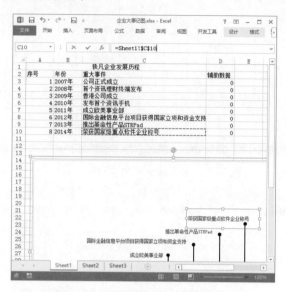

图4-101 指定数据标签显示的内容

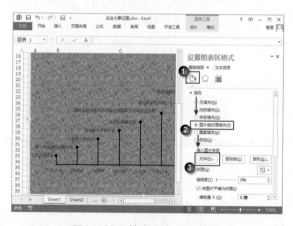

图4-102 单击"文件"按钮

图4-103 选择需要插入的图片

8 调整图表和绘图区的大小和位置，设置数据标签文字的格式，使用文本框添加标题文字。案例制作完成后的效果，如图4-104所示。

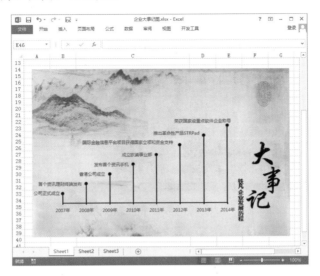

图4-104　案例制作完成后的效果

案例7 / 网站综合数据统计图

在进行数据分析时，在图表中使用单一数据往往无法表达作者的观点，此时就需要将不同量纲的数据系列放置在同一张图表中，让观众能够一目了然地看清所有相关的数据内容。下面通过一个网站综合数据统计图的制作，来介绍在一张图表中表现多类数据的方法。

1 启动Excel 2013并打开工作表，为创建图表对数据进行重新处理放置在G2:L21单元格区域中，如图4-105所示。这里，G列中的数据与C列数据相同。在H3单元格中输入公式"=5000-C3"，将公式复制到其下的单元格中获得数据。在I3单元格中输入公式"=D3*100"将原始数据放大，将该公式复制到其下单元格中获得数据，在J3单元格中输入公式"=5000-I3"并将公式向下复制。在K3单元格中输入公式"=INT(E3/10)"将原始数据缩小，并将公式复制到其下的单元格中。在L3单元格中输入公式"=5000-K3"，将公式复制到其下的单元格中。

图4-105　对数据进行处理

2 选择G2:L21单元格区域创建堆积条形图，依次选择图表中的"系列2"、"系列4"和"系列6"数据系列，取消它们的颜色填充，如图4-106所示。选择任意一个数据系列，调整其条形的宽度，如图4-107所示。

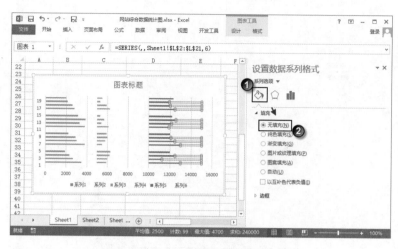

图4-106　取消数据系列的颜色填充

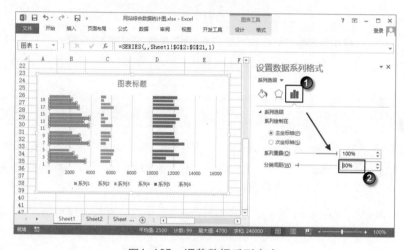

图4-107　调整数据系列宽度

3 选择垂直坐标轴，在"设置坐标轴格式"窗格中勾选"逆序类别"复选框，如图4-108所示。设置水平坐标轴的最小值、最大值和单位，如图4-109所示。

图4-108　勾选"逆序类别"复选框

图4-109 设置最小值、最大值和单位

X式 4 右击图表选择关联菜单中的"选择数据"命令打开"选择数据源"对话框，单击对话框中的"添加"按钮，如图4-110所示。在打开的"编辑数据系列"对话框中设置"系列名称"，如图4-111所示。单击"确定"按钮关闭"编辑数据列"对话框和"选择数据源"对话框。

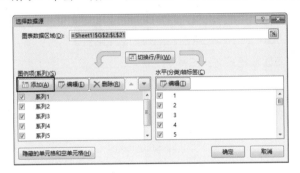

图4-110 单击对话框中的"添加"按钮

图4-111 "编辑数据系列"对话框

X式 5 在图表中选择添加的"水平分隔线"数据系列，如图4-112所示。打开"更改图表类型"对话框将更改数据系列的图表类型，如图4-113所示。设置次坐标轴的最小值、最大值和单位，如图4-114所示。

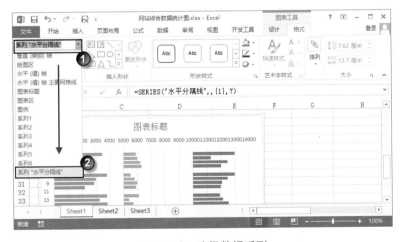

图4-112 选择数据系列

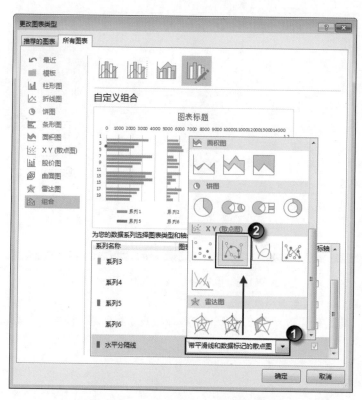

图4-113　更改数据系列的图表类型

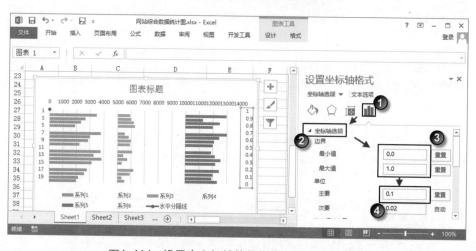

图4-114　设置次坐标轴的最小值、最大值和单位

X ⑥ 在图表中输入用于绘制水平分隔线的数据，如图4-115所示。选择图表后打开"选择数据源"对话框，在对话框中选择"水平分隔线"选项，单击"编辑"按钮，如图4-116所示。在打开的"编辑数据系列"对话框中指定"X轴系列值"和"Y轴系列值"，如图4-117所示。完成设置后关闭对话框。

图4-115　输入用于创建水平分隔线的数据

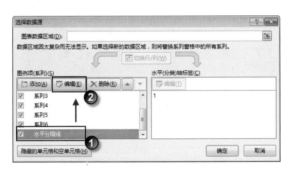

图4-116　单击"编辑"按钮

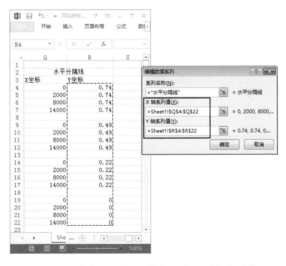

图4-117　指定"X轴系列值"和"Y轴系列值"

步骤7 选择"水平分隔线"数据系列，设置线条的颜色和宽度，将线条设置为短划线，如图4-118所示。选择数据标记，将其设置为"无"，如图4-119所示。

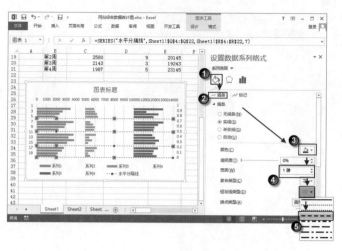

图4-118　对线条进行设置

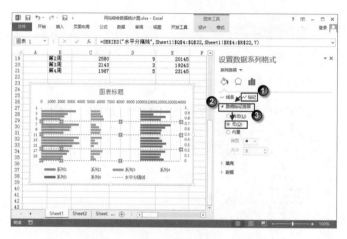

图4-119　将数据标记设置为"无"

X 8 在图表中添加用于绘制垂直分隔线的数据，如图4-120所示。通过添加数据系列的方式在图表中绘制垂直分隔线，只是这里的垂直分隔线使用实线，如图4-121所示。

图4-120　添加用于绘制垂直分隔线的数据

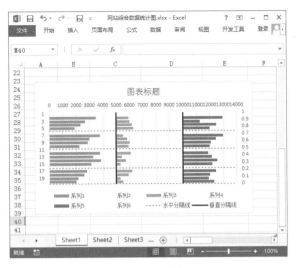

图4-121　绘制垂直分隔线

9 在图表中删除垂直坐标轴，在工作表中插入用于添加垂直轴标签的数据，并依据该数据添加数据系列，如图4-122所示。为该数据系列添加数据标签，并使数据标签靠左显示，如图4-123所示。

图4-122　添加新的数据系列

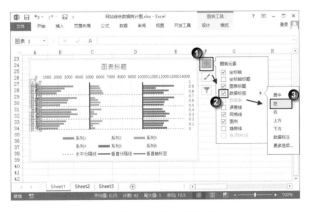

图4-123　添加数据标签

10 依次指定数据标签显示的内容，如图4-124所示。对数据标签的位置进行适当调整，删除不需要的0值数据标签，设置文字的格式。为其他数据系列添加数据标签，设置数据标签的样式。删除图表中的水平轴和次坐标轴，使用文本框添加相关文字，调整图表和绘图区的大小。案例制作完成后的效果，如图4-125所示。

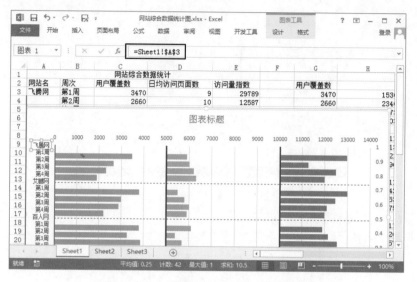

图4-124 为数据标签指定显示的文字

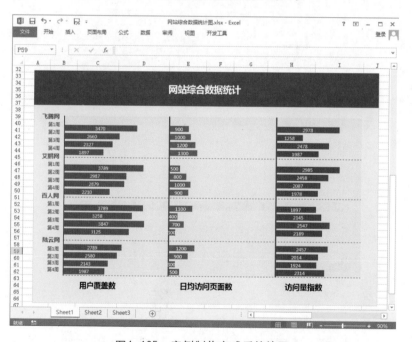

图4-125 案例制作完成后的效果

第5章 形式多样的图表

〔**内容摘要**〕

柱形图、条形图和折线图是商务图表中常见的图表类型，然而商务工作中需要使用图表所反映数据的场合却是五花八门的。用图表来表现数据并直观传递信息，需要根据应用场合选择合适有效的表现形式，相同的数据以不同的方式表达将会对读者产生不同的影响。Excel提供了多种类型的图表供用户使用，除了前面章节介绍的图表类型之外，还包括面积图、扇形图和股价图等，在制作商务图表时，不拘泥于传统，灵活而有创造性地应用这些图表类型，能够获得各种形式的图表，传递更多的信息。

案例1 产品合格率变化图

在商业图表中，使用折线图能够表现数据变化的趋势，使用面积图能够对数据变化的程度进行强调。如果图表既需要表现变化程度，又需要强调变化趋势，则可以在面积图上添加轮廓线，获得具有粗边的面积图效果。下面通过一个产品合格率变化图来介绍此类图表的制作过程。

步骤 1 启动Excel 2013并打开工作表，选择数据后插入面积图，如图5-1所示。在工作表中选择创建面积图的数据，按"Ctrl+C"组合键复制。选择图表，按"Ctrl+V"组合键粘贴复制的数据在图表中添加一个新的数据系列，如图5-2所示。

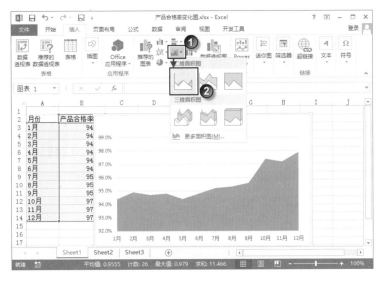

图5-1　插入面积图

2 右击图表中新增的数据系列，选择关联菜单中的"更改系列图表类型"命令打开"更改图表类型"对话框。在对话框中将新增数据系列的图表类型更改为"带数据标记的折线图"，如图5-3所示。完成设置后单击"确定"按钮关闭对话框。

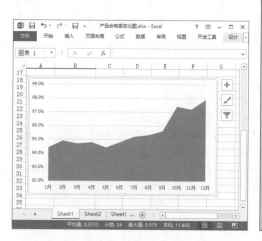

图5-2　在图表中添加新的数据系列

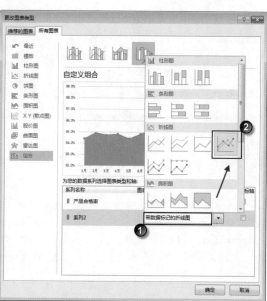

图5-3　将图表类型更改为"带数据标记的折线图"

3 选择图表中的面积图，在"设置数据系列格式"窗格中设置其填充颜色，如图5-4所示。选择图表中的折线，设置线条的颜色和宽度，如图5-5所示。设置折线上数据标记的大小，如图5-6所示。将数据标记的填充色设置为白色，设置数据标记的边框线颜色和宽度，如图5-7所示。

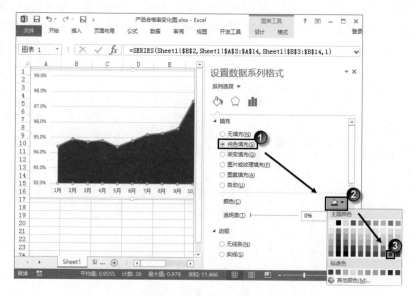

图5-4　设置填充颜色

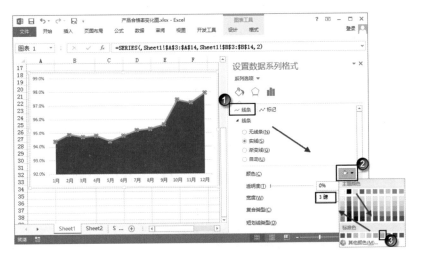

图5-5 设置线条颜色和宽度

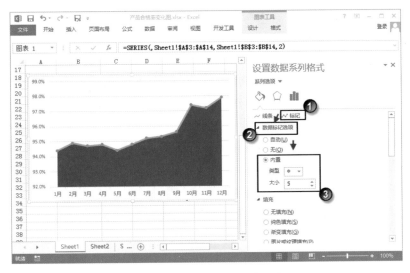

图5-6 设置数据标记的大小

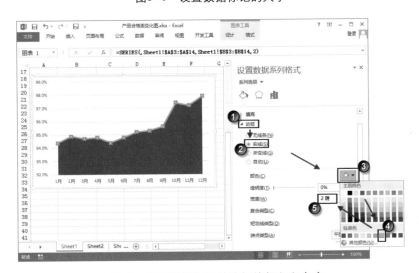

图5-7 设置数据标记的边框线颜色和宽度

4 选择图表中的折线，为其添加数据标签，将数据标签设置得靠上显示，如图5-8所示。删除纵坐标轴，在图表中添加标题文字，设置图表中文字的样式。调整图表的大小和图表元素在图表中的位置。案例制作完成后的效果，如图5-9所示。

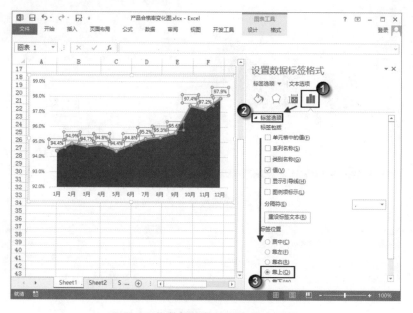

图5-8　将数据标签设置得靠上显示

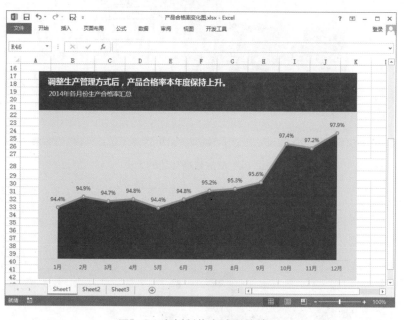

图5-9　案例制作完成后的效果

案例2　生产合格率抽检统计图

在Excel中，柱形图使用柱体的高度显示数据的大小，能够直观地表现数据之间的差异。在柱形图中，柱体的宽度是没有意义的。在制作商业图表时，经常需要反映多个数量的大小关系，使用等宽的柱形图或条形图就不能满足需要了。此时，可以考虑利用柱形的高度来反映一个数据的大小，使用宽度来反映另一个数据的大小。这类柱形图实际上是一种不等宽柱形图，其可以通过面积图来获得，下面通过一个案例来介绍这类图表的制作方法。

本案例是一个企业周生产合格率抽检结果统计图，图表以条形图条形的长度来表现良品率和次品率，以条形的宽度表现送检产品的数量大小。制作时先制作不等宽柱形图，然后使用Excel 2013自带的照相机工具获得图表截图后将截图旋转90°获得条形图效果。下面介绍案例的详细制作步骤。

1 启动Excel并打开工作表，在工作表中创建用于作图的数据表。在H3单元格中输入数字0，在H4:H6单元格区域中放置第一个送检数量值。选择H7单元格，在编辑栏中输入公式"=$H$4+$B$4"，如图5-10所示。按"Enter"键确认公式输入该单元格中将得到周一和周二送检数量的和，拖动填充柄向下复制公式，使其下的两个单元格中获得相同的结果，如图5-11所示。

图5-10 输入公式

图5-11 向下复制公式

2 选择H10单元格，在编辑栏中输入公式"=$H$9+$B$5"，确认公式输入后将能够获得周一至周三的送检数量的累加和，如图5-12所示。使用相同的方法在其下单元格中计算累加和，最后一个累加和数据只需要放置在一个单元格中就可以了。完成数据添加后的效果，如图5-13所示。

图5-12 获得周一至周三的送检数量的累加和

图5-13 添加累加和

3 复制周一的良品率、次品率和报废率数据，将数据粘贴到I3:K4单元格区域中。这里，将报废率数据放置到这两个数据的中间。在下面一行添加3个0值，如图5-14所示。使用相同的方法在下面的单元格区域中依次添加其他的数据，如图5-15所示。在H列和I列之间插入一列编号列，如图5-16所示。

图5-14 添加新数据

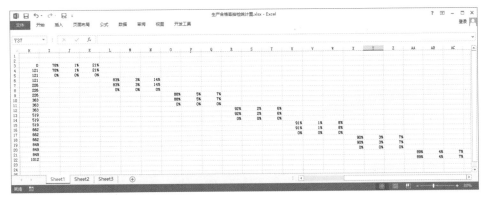

图5-15　完成所有数据添加后的效果

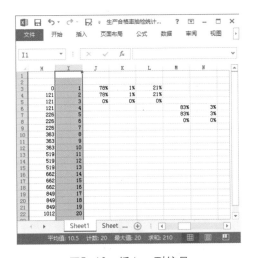

图5-16　插入一列编号

4 选择除了H列数据之外的新添加的所有数据，在"插入"选项卡的"图表"组中单击"插入面积图"按钮，在打开的列表中选择"更多面积图"选项，如图5-17所示。在打开的"插入图表"对话框中选择需要插入的堆积面积图，如图5-18所示。单击"确定"按钮关闭对话框并创建图表。

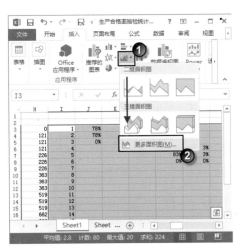

图5-17　选择"更多面积图"选项

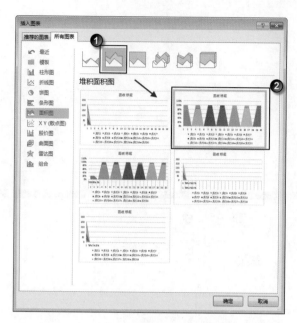

图5-18 选择需要插入的图表

5 右击图表，选择关联菜单中的"选择数据"命令打开"选择数据源"对话框。在对话框的"水平（分类）轴标签"列表中单击"编辑"按钮，如图5-19所示。在打开的"轴标签"对话框中指定轴标签区域，如图5-20所示。完成设置后，分别单击"确定"按钮关闭对话框。

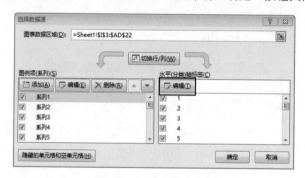

图5-19 单击"编辑"按钮

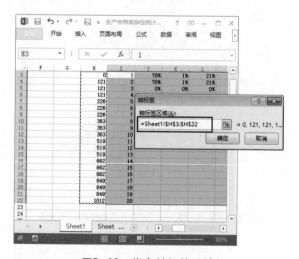

图5-20 指定轴标签区域

6 双击图表中的水平轴，打开"设置坐标轴格式"对话框。在"坐标轴选项"设置栏中单击"日期坐标轴"单选按钮获得柱形图，如图5-21所示。选择垂直坐标轴，将其最大值设置为1，如图5-22所示。

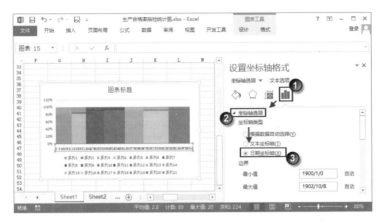

图5-21　单击"日期坐标轴格式"单选按钮

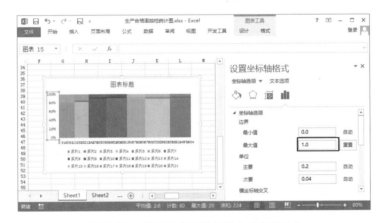

图5-22　将垂直坐标轴的最大值设置为1

7 删除图表中的图例和坐标轴。选择图表，打开"格式"选项卡，在"当前所选内容"组的"图表元素"列表中选择数据系列。这里依次选择"报废率"数据系列，取消数据系列的颜色填充，如图5-23所示。依次设置图表中显示的数据系列的填充颜色，如图5-24所示。将图表中数据系列的边框线的颜色设置为白色，线条宽度设置为4.5磅，如图5-25所示。

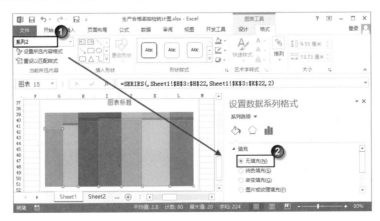

图5-23　取消数据系列的颜色填充

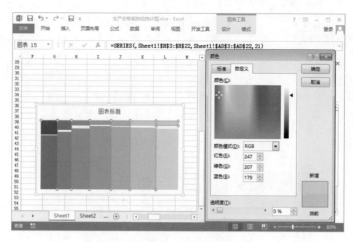

图5-24 设置数据系列的填充颜色

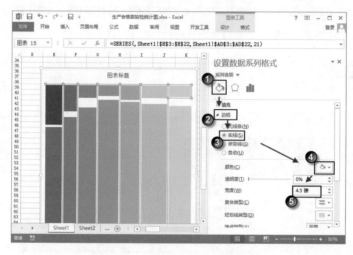

图5-25 设置边框线颜色和宽度

 8 打开Excel的文件窗口，单击"选项"选项，如图5-26所示。此时将打开"Excel选项"对话框，在对话框左侧列表中选择"快速访问工具栏"选项，在"从下列位置选择命令"列表中选择"照相机"选项，单击"添加"按钮将其添加到右侧列表中，如图5-27所示。

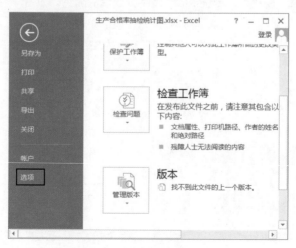

图5-26 选择"选项"选项

图5-27 "Excel选项"对话框

X 9 调整图表的大小和绘图区的大小，在视图选项卡的显示组中取消对"网格线"复选框的选择，如图5-28所示。在图表中放置文本框，在文本框中输入文字并旋转文本框，如图5-29所示。复制添加的文本框将其放置在适当的位置，更改文本框中文字，如图5-30所示。使用相同的方法添加标签文字，如图5-31所示。

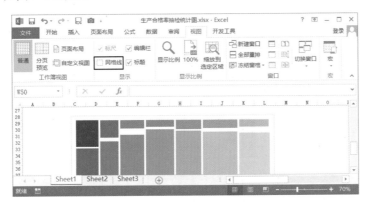

图5-28 取消对"网格线"复选框的选择

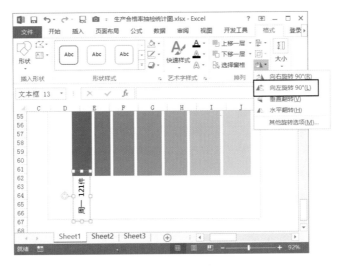

图5-29 放置文本框

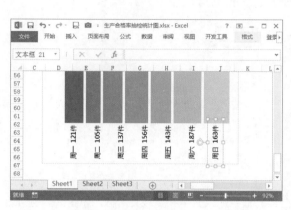

图5-30　添加文本框

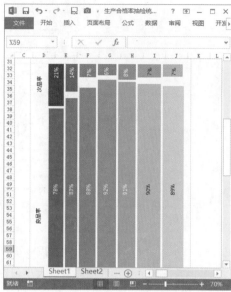

图5-31　添加标签文字

X 10 在工作表中框选包含图表的单元格区域，单击快速访问工具栏中的"照相机"按钮拍摄选区内容，如图5-32所示。在工作表中任意位置单击获得图表的截图，将图片向右旋转90°，如图5-33所示。取消图片的边框线，如图5-34所示。

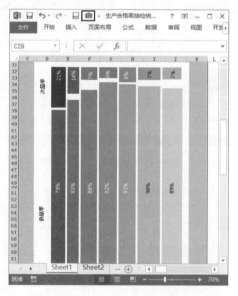

图5-32　单击"照相机"按钮拍摄选区内容

图5-33 将图片向右旋转90°

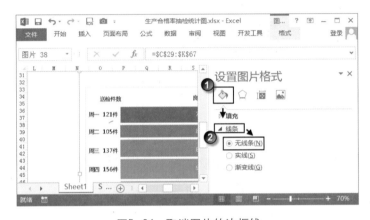

图5-34 取消图片的边框线

X 11 在工作表中插入一个文本框，输入图表标题文字，设置文本框样式并在图片中添加一条分隔线。案例制作完成后的效果，如图5-35所示。

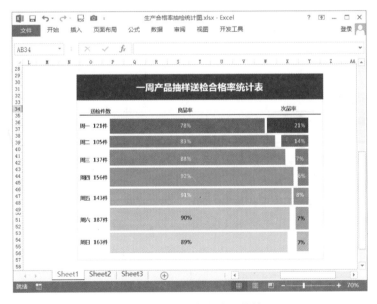

图5-35 案例制作完成后的效果

在对数据进行分析时，有时需要在一个图表中表现多个层级的数据。例如，在描述商品市场销售份额时，往往需要既表现大区的销售份额，又需要将大区进一步细分为地区后，展现其各个地区的销售情况，此时使用普通的图表就无法实现了。对于这样的问题，可以使用不等宽的柱形图来实现，以柱形的宽度表现大区的销售份额，柱形内部划分出不同高度的矩形来表现地区的份额情况。下面通过一个具体的案例来介绍这种区域销售情况细分图的制作方法。

1 启动Excel 2013并打开工作表，在J3:J7单元格区域中依次计算"区域销售占比"列数据的累加和，如图5-36所示。创建用于制表的数据区域，如图5-37所示。

图5-36 计算累加和

图5-37 创建用于制表的数据区域

2 选择M3:AC13单元格区域，在"插入"选项卡的"图表"组中单击"插入面积图"按钮。在打开的列表中选择"更多面积图"选项，如图5-38所示。在打开的"插入图表"对话框中选择需要插入堆积面积图，如图5-39所示。单击"确定"按钮关闭对话框插入图表。

Excel商务图表从零开始学

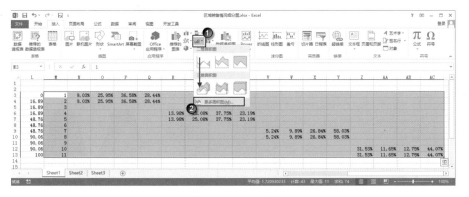

图5-38　选择"更多面积图"选项

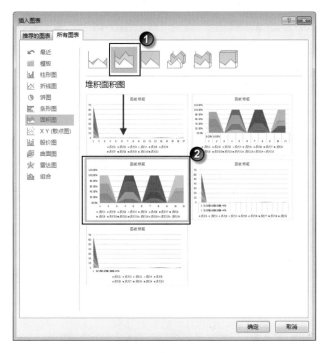

图5-39　选择堆积面积图

X 3 右击插入的图表，选择关联菜单中的"选择数据"命令打开"选择数据源"对话框。在对话框中单击"水平（分类）轴标签"列表中的"编辑"按钮，如图5-40所示。在"轴标签"对话框中指定轴标签区域，如图5-41所示。分别单击"确定"按钮关闭两个对话框。

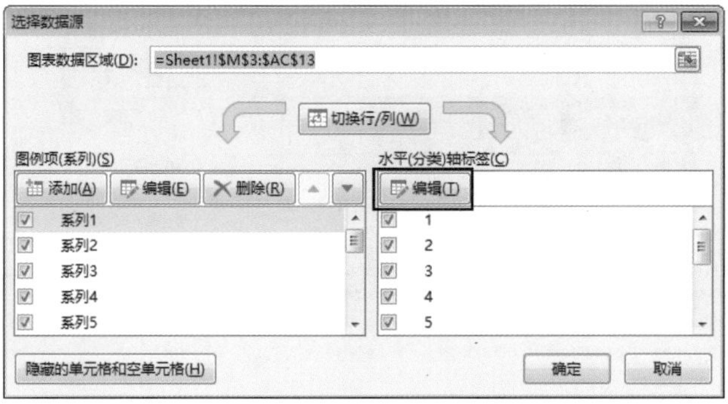

图5-40　单击"编辑"按钮

图5-41 指定轴标签区域

 4 将水平坐标轴更改为日期坐标轴，如图5-42所示。更改垂直坐标轴的最大值，如图5-43所示。删除图表中的图例项和水平坐标轴，更改垂直坐标轴数字的小数点位数，如图5-44所示。

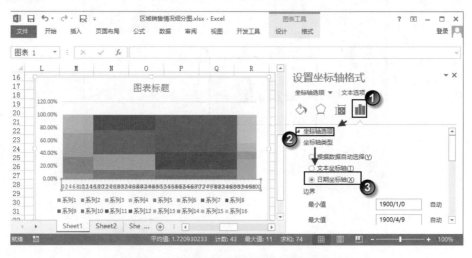

图5-42 将水平坐标轴更改为日期坐标轴

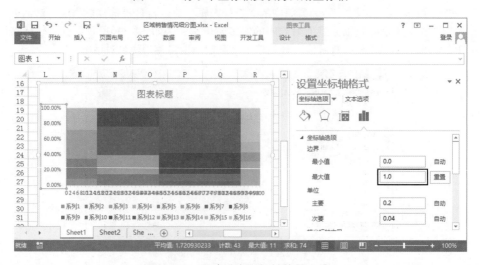

图5-43 更改垂直坐标轴的最大值

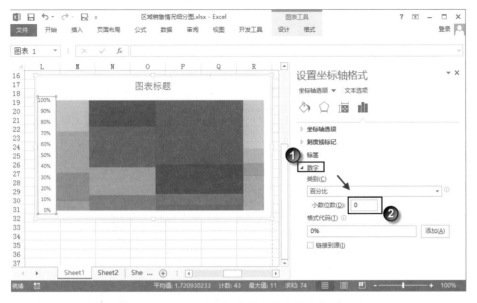

图5-44　更改坐标轴数字的小数点位数

5 依次选择图表中的每个矩形，设置填充颜色，这里将代表同一个地区的矩形的填充颜色设置得相同。依次将每个矩形的边框线颜色设置为白色，线宽设置换为1.25磅，如图5-45所示。

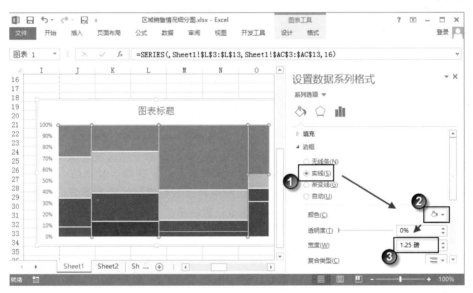

图5-45　设置边框线颜色和宽度

6 使用文本框在图表中添加标题文字和标签文字，调整图表和各个图表元素的大小以及位置。案例制作完成后的效果，如图5-46所示。

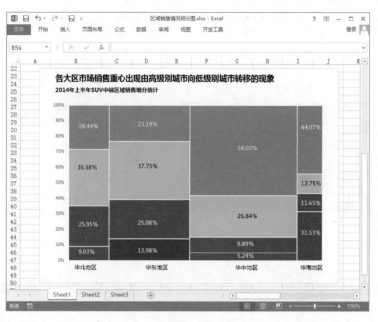

图5-46　案例制作完成后的效果

案例4　生产成本对比图

生产企业在产品核算过程中需要对生产成本进行核算，受市场因素的影响，产品的成本经常是变化的。为了让管理者直观形象地了解市场的情况，需要对不同时间段的成本占比情况进行对比。本案例将介绍一个生产成本对比图的制作过程，图表通过饼图表现生产成本中各个构成要素的占比情况，饼图使用两个，分别展示今年和去年的情况以实现对比。下面介绍案例的详细制作步骤。

1 启动Excel 2013并打开工作表，在工作表中选择A2:C7单元格区域，选择插入圆环图，如图5-47所示。在图表中选择"2014年成本"数据系列后右击，选择关联菜单中的"更改图表类型"命令打开"更改图表类型"对话框。在对话框中将该数据系列的图表类型更改为复合饼图，并选中"次坐标轴"复选框，如图5-48所示。完成设置后单击"确定"按钮关闭对话框。

图5-47　选择插入圆环图

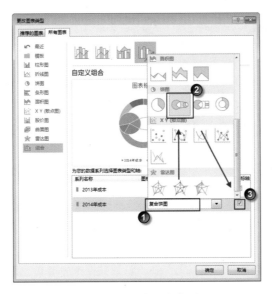

图5-48 更改图表类型

X 2 选择复合饼图，打开"设置数据系列格式"窗格，将"第二绘图区中的值"设置为5，该值为数据表中的项目数。在"第二绘图区大小"文本框中输入设置第二绘图区的大小，如图5-49所示。选择左侧的饼图，取消其填充颜色和边框，如图5-50所示。选择系列线，使其不显示，如图5-51所示。

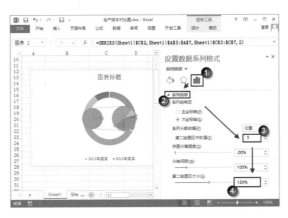

图5-49 设置第二绘图区

图5-50 取消填充色和边框

图5-51 取消系列线的显示

 3 选择"2013年成本"数据系列，将其图表类型更改为复合饼图，这里不选择"次坐标轴"复选框，如图5-52所示。选择该数据系列，在"设置数据系列格式"窗格中将"第二绘图区中的值"设置为0，设置"分类间距"的值调整饼图的位置，将"第二绘图区大小"的值设置得最小，如图5-53所示。

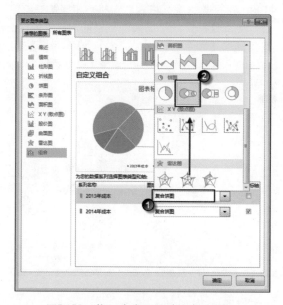

图5-52 将图表类型更改为复合饼图

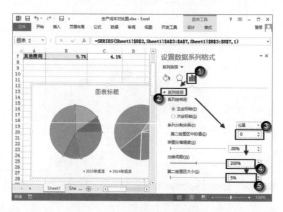

图5-53 对饼图进行设置

X 4 在图表中添加数据标签，删除其中的文字为0和100％值的两个数据标签，分别设置两个数据系列数据标签显示的内容，如图5-54所示。调整图表区和绘图区的大小，放置数据标签并设置数据标签的格式。设置图表区背景颜色，在图表中添加标题文字。案例制作完成后的效果，如图5-55所示。

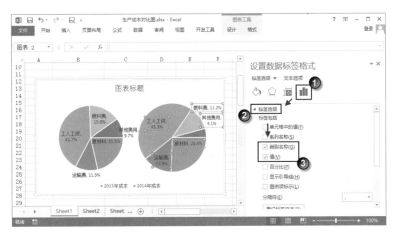

图5-54　设置数据标签显示的内容

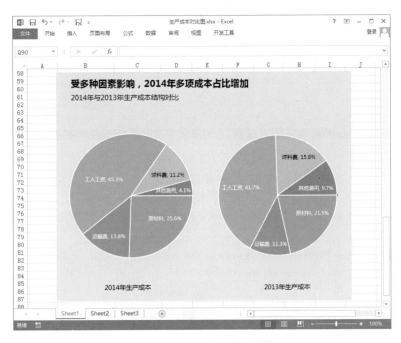

图5-55　案例制作完成后的效果

案例5 / 商品销售行情分析图

在对商品销售行情进行分析时，除了看商品的销量数据外，还需要看商品的售罄率数据。所谓的售罄率指的是销售数量占进货数量的比例，售罄率大则说明商品比较畅销。对售罄率进行分析可以帮助决策者明确销售重点，制定销售策略。在使用图表表现商品销售情况时，可以使用条形图来表现商品的销量，使用饼图来表现商品的售罄率，将多个商品的这些数据在一个图表中展示出来，以便于对比分析，下面介绍此类图表的制作方法。

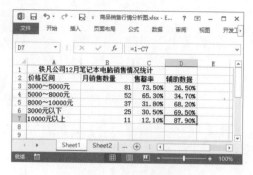

1 启动Excel 2013并打开工作表，在工作表的D列添加辅助数据。该列数据为1减去前一列对应数据的差，如图5-56所示。选择C3:D3单元格区域，使用该区域的数据创建一个饼图，如图5-57所示。

图5-56 添加辅助数据

图5-57 创建一个饼图

2 选择图表中的数据系列，打开"设置数据系列格式"窗格，将整个饼图的填充颜色设置为白色，设置饼图边框线颜色和宽度，如图5-58所示。单击表示售罄率数据的扇区选择该数据系列，将其填充颜色设置得与边框线颜色相同，取消图表区的填充颜色并删除图例和图表标题。

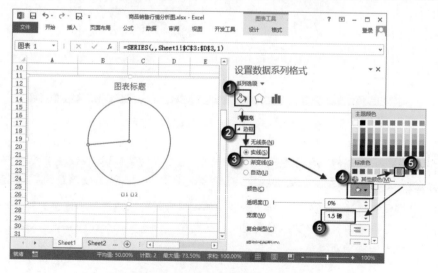

图5-58 设置边框线颜色和宽度

3 选择图表，在"设置图表区格式"窗格中设置图表的大小，如图5-59所示。右击图表，选择关联菜单中的"另存为模板"命令打开"保存图表模板"对话框。在对话框中设置模板文件名，如图5-60所示。完成设置后单击"确定"按钮关闭对话框。

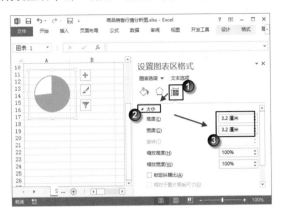

图5-59 设置图表的大小

图5-60 "保存图表模板"对话框

4 复制图表中的饼图，重新设置饼图的数据，如图5-61所示。右击图表，选择关联菜单中的"更改图表类型"命令打开"更改图表类型"对话框。在对话框左侧列表中选择"模板"选项，在对话框右侧选择保存的模板，如图5-62所示。单击"确定"按钮关闭对话框，当前图表样式变得与前一个饼图相同，如图5-63所示。

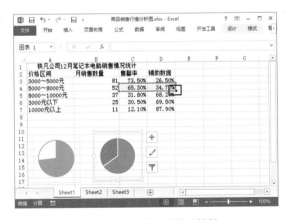

图5-61 重新设置饼图数据

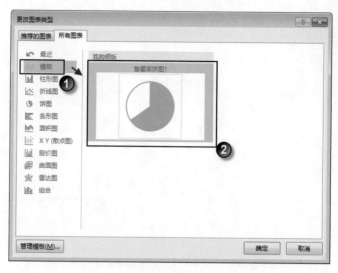

图5-62 "更改图表类型"对话框

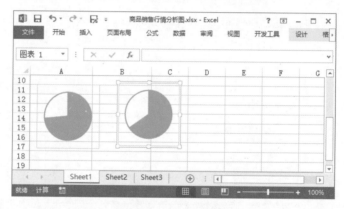

图5-63 改变图表样式

5 使用相同的方法完成其余3个饼图,将各个饼图的数据更改为C5:D7单元格区域对应数据,如图5-64所示。选择一个图表,按"Ctrl+C"组合键复制该图表。选择任意一个单元格,在"开始"选项卡的"剪贴板"组中单击"粘贴"按钮,选择列表中的"图片"选项将图表粘贴为一个图片,如图5-65所示。使用相同的方法将其他饼图粘贴为图片。

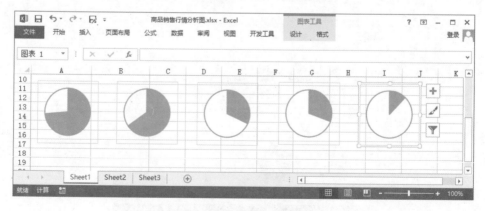

图5-64 再创建3个图表

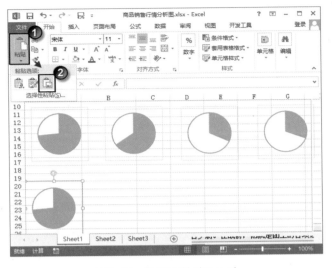

图5-65　将图表粘贴为图片

[x] 6 在工作表中创建用于绘图的数据区域，如图5-66所示。选择这里的N2:P8单元格区域后创建一个堆积条形图，选择垂直坐标轴后打开"设置坐标轴格式"窗格，选择其中的"逆序类别"复选框，如图5-67所示。选择水平坐标轴，设置其最小值和最大值，如图5-68所示。

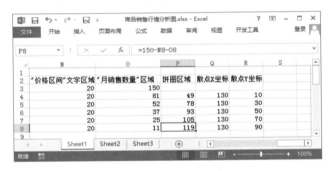

图5-66　创建数据区域

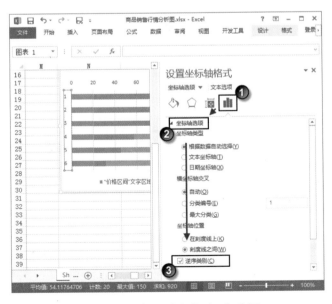

图5-67　选择"逆序类别"复选框

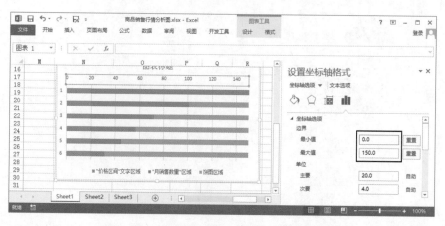

图5-68　设置水平坐标轴的最小值和最大值

 7 选择图表中的"饼图区域"数据系列后右击，选择关联菜单中的"更改图表类型"命令打开"更改图表类型"对话框，将该数据系列的图表类型更改为"散点图"，如图5-69所示。单击"确定"按钮关闭对话框，将次坐标轴的最大值更改为120，如图5-70所示。

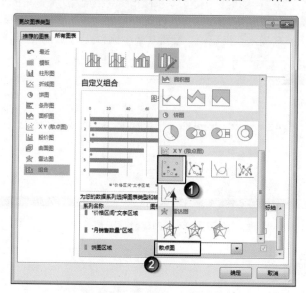

图5-69　更改数据系列的图表类型

图5-70　更改次坐标轴的最大值

8 右击图表，选择关联菜单中的"选择数据"命令打开"选择数据源"对话框。在对话框的"图例项（系列）"列表中选择"饼图区域"选项后单击"编辑"按钮，如图5-71所示。此时将打开"编辑数据系列"对话框，在对话框中设置"X轴系列值"和"Y轴系列值"，如图5-72所示。完成设置后单击"确定"按钮关闭对话框。

图5-71　选择选项后单击"编辑"按钮

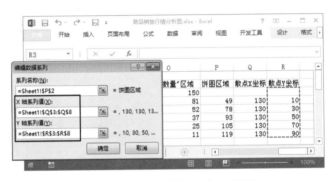

图5-72　"编辑数据系列"对话框

9 选择图表中的数据系列，设置分类间距的值调整条形图的宽度，如图5-73所示。取消条形图左侧数据系列的填充颜色，如图5-74所示。更改数据系列的填充颜色，如图5-75所示。将顶端的两个数据点的填充颜色设置得相同，如图5-76所示。

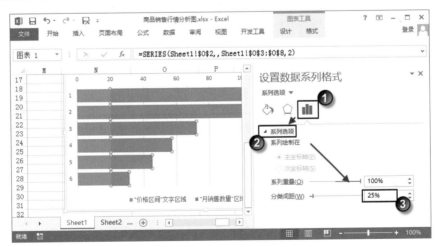

图5-73　设置"分类间距"的值

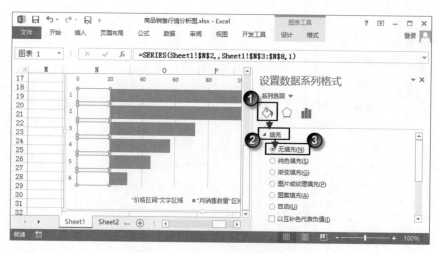

图5-74 取消数据系列的填充颜色

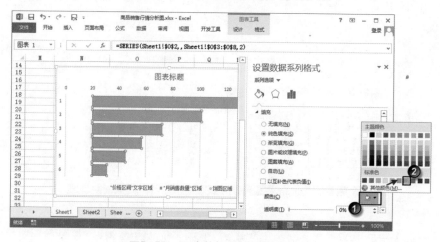

图5-75 更改数据系列的填充颜色

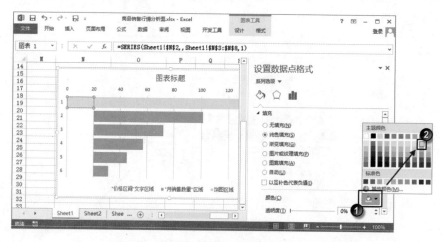

图5-76 设置顶端的两个数据点的填充颜色

10 删除图表中的图例、坐标轴和网格线。选择饼图图片，设置图片的大小，如图5-77所示。选择第一个饼图图片，按"Ctrl+C"组合键复制图片，在图表中选择第一个散点，按"Ctrl+V"组合键粘贴图片以该图片，填充散点，如图5-78所示。使用相同的方法以饼图图片填充对应的散点。

Excel商务图表从零开始学

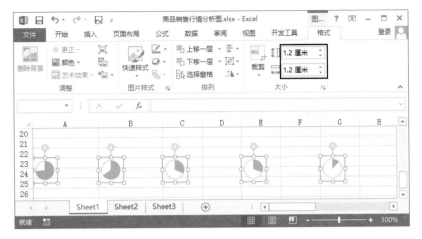

图5-77 设置图片的大小

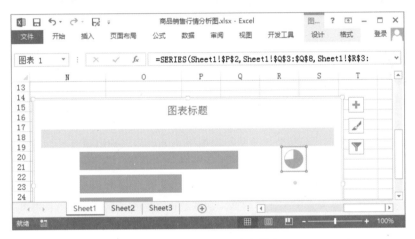

图5-78 使用图片填充散点

11 在图表中添加数据标签，更改数据标签中的文字并设置样式，使用文本框为饼图所在列添加标题文字，如图5-79所示。在图表中插入两条黑色的分隔线，输入标题文字。案例制作完成后的效果，如图5-80所示。

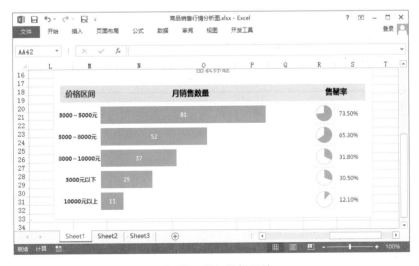

图5-79 添加数据标签

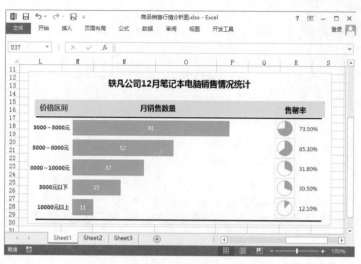

图5-80 案例制作完成后的效果

案例6 销售业绩排行榜

企业对销售员进行考核的一个重要指标就是其销售业绩，将各个销售员的业绩数据按照升序或降序排列后，可以获得销售业绩的排名情况。如果需要使用图表来直观展示这种排名，一般将使用条形图。实际上，通过圆环图也能直观形象地展示员工的这种业绩排名，案例既表现销售员半年业绩排名，同时也呈现完成全年计划销售任务的情况。下面介绍案例的具体制作步骤。

步骤1 启动Excel 2013并打开工作表，将表格中各个销售员的销售业绩数据和年销售指标数据横向放置，同时在它们之间添加未完成业绩数据。这些数据将用于绘制图表，如图5-81所示。

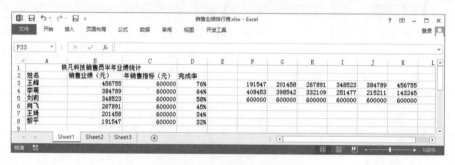

图5-81 对数据进行处理

步骤2 在工作表中选择一个空白单元格，插入一个空白圆环图，如图5-82所示。按"Ctrl+C"组合键复制销售员"黎平"的数据，选择图表后按"Ctrl+V"组合键粘贴数据在图表中添加一个数据系列，如图5-83所示。拖动数据框上的控制柄将其他数据添加到图表中，如图5-84所示。

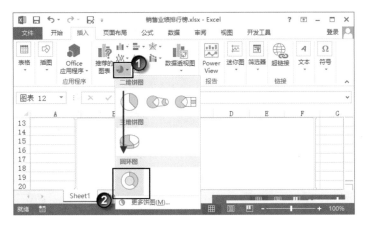

图5-82　插入空白圆环图

图5-83　在图表中添加一个数据系列

图5-84　向图表中添加其他数据

X 3 选择图表中的数据系列，在"设置数据系列格式"窗格中将"第一扇区起始角度"设置为270°，设置"圆环图内径大小"的值，如图5-85所示。依次选择各个数据系列中不需要显示的数据点，将它们的填充方式设置为"无填充"并取消它们的边框线，如图5-86所示。依次更改保留显示的各个数据点的填充颜色，如图5-87所示。

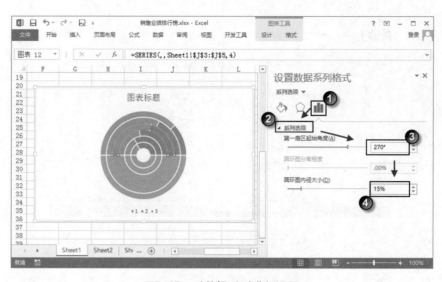

图5-85 对数据系列进行设置

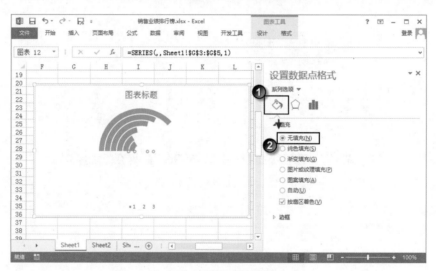

图5-86 取消数据点的颜色填充

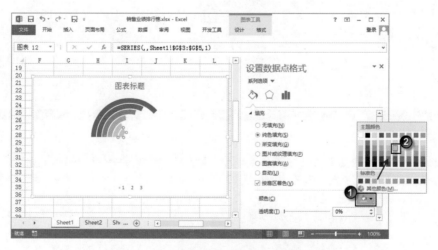

图5-87 更改保留的各个数据点的填充颜色

4 使用文本框在图表下方添加文字，使用文本框依次为数据点添加标签文字，设置这些文字的旋转角度，如图5-88所示。设置图表背景填充颜色，在图表下方添加标题和注释文字。案例制作完成后的效果，如图5-89所示。

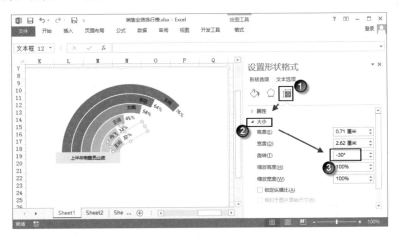

图5-88　设置文字的旋转角度

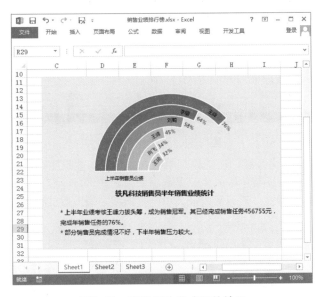

图5-89　案例制作完成后的效果

案例7 / 销售额分类明细图

在使用圆环图时，有时为了表现数据间的总分关系并对数据进行相互补充说明，需要使用双层的圆环图。双层圆环图中数据点具有相互对应的关系，在创建圆环图时，需要对数据源区域的结构进行调整，让数据形成对应关系，然后再以该数据源区域来创建图表并对图表进行设置以获得需要的效果。下面通过一个数码城销售额分类明细图的制作过程来介绍此类图表的具体制作方法。

1 启动Excel 2013并打开工作表，该工作表中列出某数码城商品月销售明细，其中在D2:E7单元格区域列出了电脑配件类商品的销售明细，如图5-90所示。对数据重新进行安排，如图5-91所示。这里，将所有数据放置在一起，B15:B20单元格区域和C11:C14单元格区域为两个合并单元格区域，其值分别为电脑配件销售金额的和以及B11:B14单元格区域中数据的和。

图5-90　需要处理的工作表

图5-91　重新整理数据

X 2 选择A11:C20单元格区域，在工作表中插入圆环图，删除图表中的图例。在图表中右击任意一个数据系列，选择关联菜单中的"设置数据系列格式"命令打开"设置数据系列格式"窗格。在"系列选项"设置栏的"圆环图内径大小"微调框中输入数值设置圆环图内径的大小，如图5-92所示。

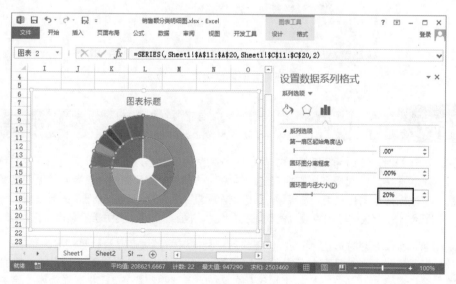

图5-92　设置圆环图内径大小

3 分别选择图表中的数据系列，对它们应用相同的阴影效果，如图5-93所示。分别选择标示为"系列2 点'手机'值947290（76％）"的数据点和"系列1 点'CPU'值304440（24％）"的数据点，设置它们的填充色，如图5-94所示。

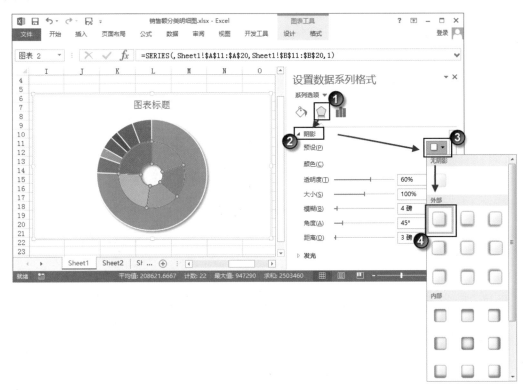

图5-93 对数据系列应用阴影效果

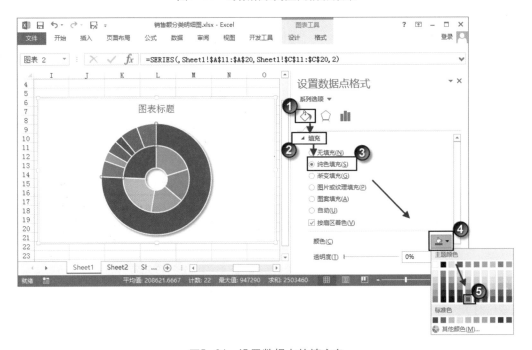

图5-94 设置数据点的填充色

4 选择第一个数据系列,为其添加数据标签。在"设置数据标签格式"窗格中选择"文本选项"选项,单击其下的"文本填充轮廓"按钮。在"文本填充"设置栏中将数据标签文字的颜色设置为白色,如图5-95所示。选择"标签选项"选项,单击其下的"标签选项"按钮。在"标签选项"设置栏中选择"类别名称"复选框使数据标签中显示类别名称。在"分隔符"下拉列表中选择"(分行符)"选项使数据标签中的信息以分行符分隔,如图5-96所示。使用相同的方法为第二个数据系列添加数据标签并设置标签文字样式。

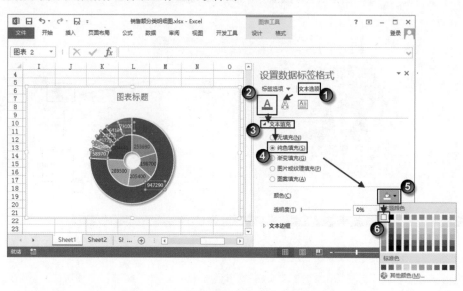

图5-95　将数据标签文字颜色设置为白色

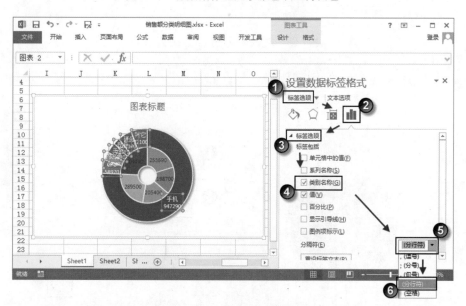

图5-96　使数据标签中显示类别名称并以分行符分隔

5 对内圆环的分类标签进行设置,更改数据标签中不正确的类别名称,如图5-97所示。设置图表区的填充色,输入图表标题文字。本例制作完成后的效果,如图5-98所示。

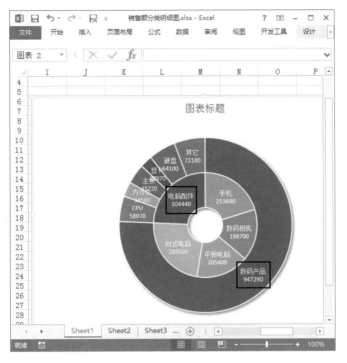

图5-97　更改类别名称

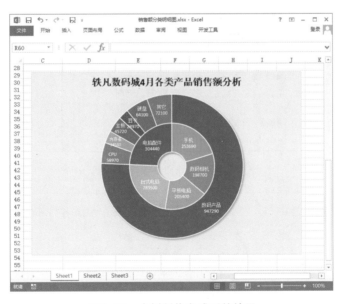

图5-98　本例制作完成后的效果

案例8／库存额箱线图

箱线图是一种利用数据中的最小值、第一四分位数、中位数、第三四分位数和最大值来表现数据分布的图表，能够反映数据分布的中心位置和散布范围，清晰地展示各组数据的分布差异。箱线图可以应用于质量管理、人事测评和数据分析等诸多领域，为管理者发现问题并改变策略提供依据。下面通过一个集团下辖各分公司的库存额箱线图的制作来介绍这类图表的制作方法。

1 启动Excel 2013并打开工作表，下面创建用于制图的数据。选择B12单元格，单击"插入函数"按钮打开"插入函数"对话框。在对话框的"或选择类别"列表中选择"全部"选项，在其下的"选择函数"列表中选择函数，如图5-99所示。单击"确定"按钮将打开"函数参数"对话框，在对话框中设置函数需要的参数，如图5-100所示。单击"确定"按钮获得B3:B8单元格区域中数据的第一四分位数，该数字实际上是样本中所有数值由小到大排列后的第25％的数字。拖动填充柄将公式复制到右侧的3个单元格中，如图5-101所示。

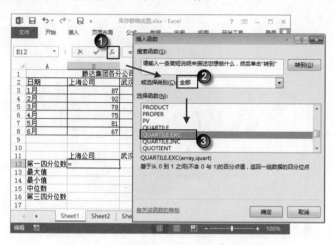

图5-99 选择函数

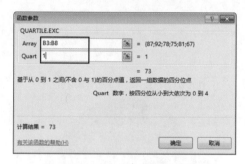

图5-100 "函数参数"对话框

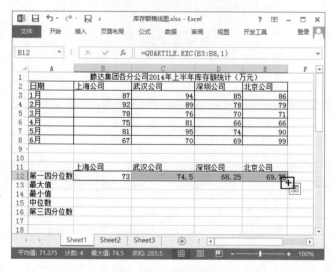

图5-101 复制公式

2 在“最大值”行和“最小值”行分别使用MAX()函数和MIN()函数获取B3:E8单元格区域每一列单元格数据的最大值和最小值。在B15单元格中输入公式“=QUARTILE.EXC(B3:B8,2)”获取中位数，也就是将单元格区域中的数据按照由小到大的顺序排列后的第50%的数字，将公式复制到右侧的单元格中。在B16单元格中输入公式“=QUARTILE.EXC(B3:EB8,3)”获得第三四分位数，也就是B3:B8单元格区域中所有数值由小到大排列后的第75%的数字，将公式复制到右侧的单元格中。此时工作表中的数据，如图5–102所示。

滕达集团各分公司2014年上半年库存额统计（万元）				
日期	上海公司	武汉公司	深圳公司	北京公司
1月	87	94	85	86
2月	92	89	78	79
3月	78	76	70	71
4月	75	81	66	66
5月	81	95	74	90
6月	67	70	69	99
	上海公司	武汉公司	深圳公司	北京公司
第一四分位数	73	74.5	68.25	69.75
最大值	92	95	85	99
最小值	67	70	66	66
中位数	79.5	85	72	82.5
第三四分位数	88.25	94.25	79.75	92.25

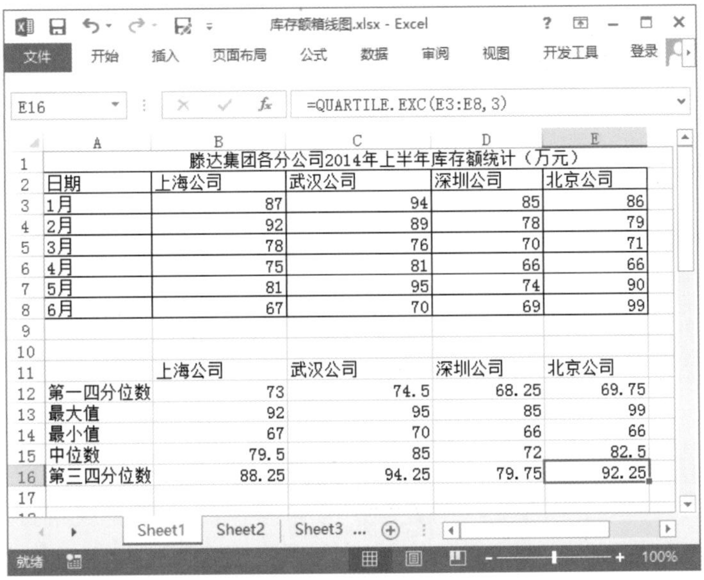

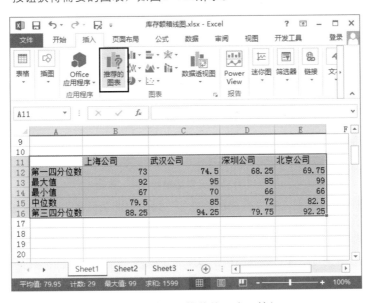

图5–102　制作完成后的数据

3 在工作表中选择A11:EE16单元格区域，在“插入”选项卡的“图表”组中单击“推荐的图表”按钮，如图5–103所示。此时将打开“插入图表”对话框，在对话框中打开“所有图表”选项卡，在左侧列表中选择“股价图”选项，选择“开盘—盘高—盘低—收盘图”图表类型，如图5–104所示。单击“确定”按钮在工作表中插入选择的图表。在“设计”选项卡的“数据”组中单击“切换行/列”按钮获得需要的图表，如图5–105所示。

	上海公司	武汉公司	深圳公司	北京公司
第一四分位数	73	74.5	68.25	69.75
最大值	92	95	85	99
最小值	67	70	66	66
中位数	79.5	85	72	82.5
第三四分位数	88.25	94.25	79.75	92.25

图5–103　单击“推荐的图表”按钮

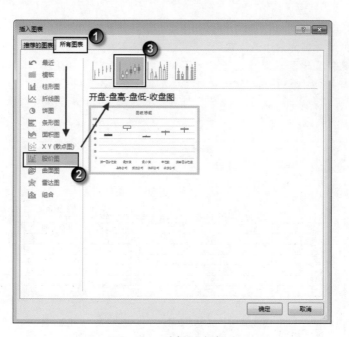

图5-104　选择图表类型

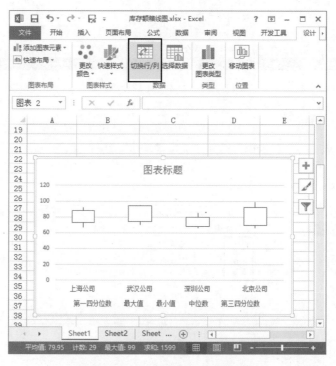

图5-105　单击"切换行/列"按钮

 4 打开"格式"选项卡，在"当前所选内容"组的"图表元素"列表中选择"系列'中位数'"选项选择名为"中位数"的数据系列，如图5-106所示。打开"设置数据系列格式"窗格，设置数据标记的形状和大小，如图5-107所示。取消数据标记的颜色填充并将边框线设置为黑色，如图5-108所示。设置完成后即可在箱体中模拟出中位线。

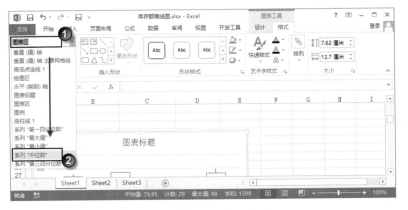

图5-106　选择数据系列

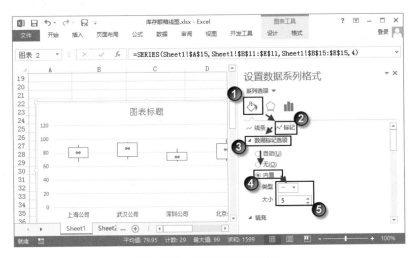

图5-107　设置数据标记类型

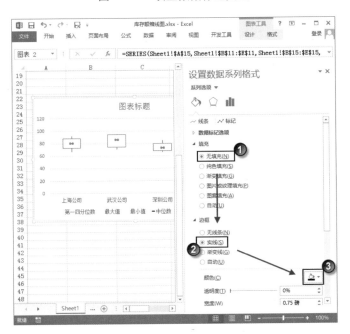

图5-108　取消颜色填充并设置边框线颜色

5 选择垂直坐标轴,设置坐标轴的最大值和单位,如图5-109所示。使垂直轴显示刻度线标记,如图5-110所示。使用相同的方法为水平轴添加刻度线标记,并将水平轴的颜色设置为黑色。

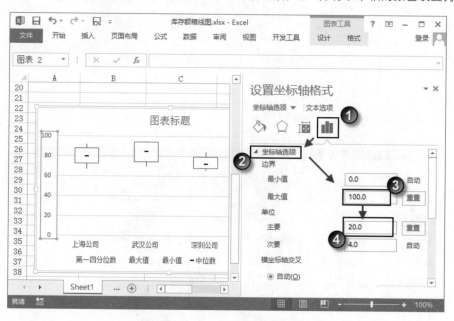

图5-109 设置坐标轴的最大值和单位

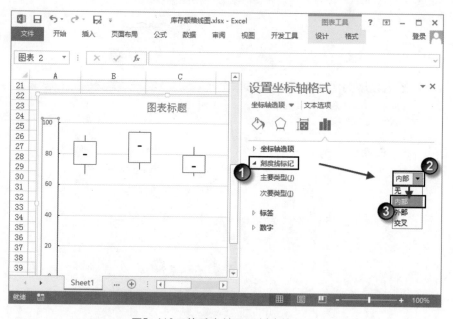

图5-110 使垂直轴显示刻度线标记

6 删除图表中的图例和网格线,输入图表标题和单位文字,设置图表中文字的样式。设置图表区的填充颜色,将涨跌柱线的填充颜色设置得与背景颜色相同,如图5-111所示。本案例制作完成后的效果,如图5-112所示。

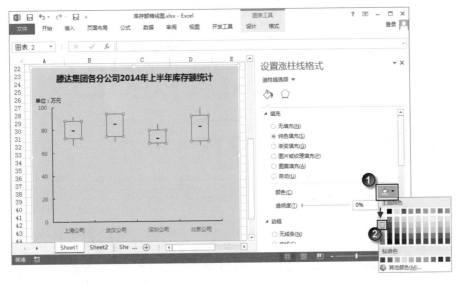

图5-111 设置涨跌柱线的填充颜色

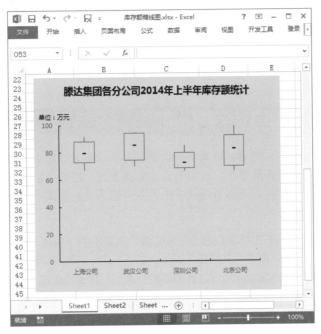

图5-112 案例制作完成后的效果

第6章 让图表随心所欲地显示

数据的可视化是一个以直观和形象的方式展示数据的过程，数据经过组织形成数据源以生成各种显示的图表，通过数据特征、趋势或关系来描述事实。传统的图表能够在各种商务场合发挥巨大的作用，但其在对大数据量数据和多维数据的可视化方面存在着极大的局限性。要突破传统图表的这种局限性，就需要用到动态图表。动态图表实际上是传统图表的延伸和补充，是一类以控件作为交互、通过函数对数据源进行灵活引用并能实现数据的自由切换的图表形式。这类图表能够使读者根据需要自由选择显示的数据，实现复杂数据的交互显示。本章将通过7个商务应用案例来介绍动态图表的制作方法。

案例1 收入随工龄变化图

在制作动态图表时，经常需要控制某些数据是否显示，一般情况下，可以使用复选框控件来解决这个问题。在图表中使用复选框，当用户勾选复选框时，图表中显示对应的数据，取消复选框的勾选则数据不显示，这样就能够方便地在图表中实现选项数据间的任意比较。下面通过一个案例来介绍复选框的应用方法。

1 启动Excel 2010并打开工作表，在"开发工具"选项卡的"控件"组中单击"插入"按钮，在打开的"表单控件"列表中选择"复选框"控件，如图6-1所示。拖动鼠标在工作表中绘制一个控件，在控件被选择的情况下将插入点光标放置到控件中更改控件显示的文字，如图6-2所示。

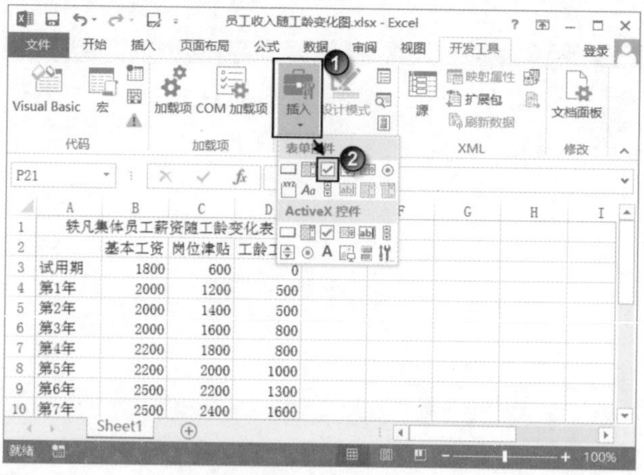

图6-1 插入"复选框"控件

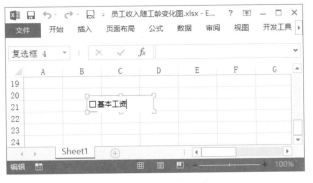

图6-2　更改控件文字

2 按住"Ctrl"键拖动控件将控件复制两个，右击复制的控件，选择关联菜单中的"编辑文字"命令进入控件文字编辑状态，更改控件内显示的文字。按"Ctrl"键分别单击这3个控件同时选择它们，在"格式"选项卡的"排列"组中单击"对齐对象"按钮，在打开的列表中选择"顶端对齐"选项使控件对齐放置，如图6-3所示。

图6-3　对齐控件

3 右击"基本工资"复选框控件，选择关联菜单中的"设置控件格式"命令打开"设置对象格式"对话框。在"单元格链接"文本框中为控件指定链接单元格，如图6-4所示。完成设置后单击"确定"按钮关闭对话框。依次将"岗位津贴"控件和"工龄工资"的链接单元格指定为I22和I23单元格，当复选框处于勾选状态时，链接单元格中的值为TRUE，如图6-5所示。

图6-4　指定链接单元格

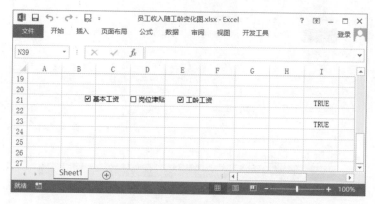

图6-5　被勾选复选框对应的链接单元格中显示TRUE

 4 在"公式"选项卡的"定义的名称"组中单击"名称管理器"按钮，如图6-6所示。此时将打开"名称管理器"对话框，在对话框中单击"新建"按钮，如图6-7所示。此时将打开"新建名称"对话框，在对话框的"名称"文本框中输入名称，在"引用位置"文本框中输入公式"=OFFSET(Sheet1!$A$2,1,——Sheet1!$I$21,11,1)"，如图6-8所示。完成设置后单击"确定"按钮关闭对话框，该名称将实现对"基本工资"数据的引用。

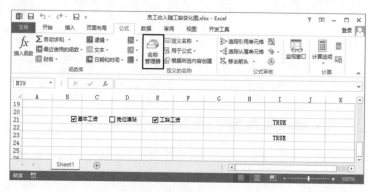

图6-6　单击"名称管理器"按钮

图6-7　"名称管理器"对话框

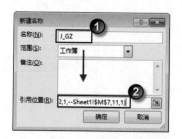

图6-8　"新建名称"对话框

 5 创建名为G_GZ的名称，在"新建名称"对话框的"引用位置"文本框中输入公式"=OFFSET(Sheet1!$A$2,1,——Sheet1!$I$22*2,11,1)"，该名称将实现对"岗位工资"数据的引用。创建名为GL_GZ的名称，在"新建名称"对话框的"引用位置"文本框中输入公式"=OFFSET(Sheet1!$A$2,1,——Sheet1!$I$23*3,11,1)"，该名称将实现对"工龄工资"数据的引用。名称创建完成后的"名称管理器"对话框，如图6-9所示。单击"关闭"按钮关闭该对话框。

图6-9　名称创建完成后的"名称管理器"对话框

6 在工作表中选择任意一个空白单元格，在工作表中插入一个空白的堆积柱形图。右击图表，选择关联菜单中的"选择数据"命令打开"选择数据源"对话框，在对话框中单击"添加"按钮，如图6-10所示。此时将打开"编辑数据系列"对话框，在对话框的"系列名称"文本框中输入系列名称，在"系列值"文本框中输入"=Sheet1!J_GZ"，如图6-11所示。完成设置后单击"确定"按钮关闭对话框。使用相同的方法再添加"岗位津贴"数据系列和"工龄工资"数据系列，如图6-12所示。

图6-10　"选择数据源"对话框

图6-11　"编辑数据系列"对话框　　　　　图6-12　再添加2个数据系列

7 在"选择数据源"对话框中单击"水平（分类）轴标签"列表中的"编辑"按钮，如图6-13所示。在打开的"轴标签"对话框中指定轴标签区域，如图6-14所示。完成设置后分别单击"确定"按钮关闭"轴标签"对话框和"选择数据源"对话框。

图6-13　单击"编辑"按钮

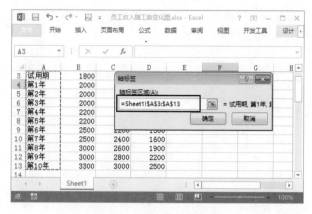

图6-14　指定轴标签区域

X 步骤 8 选择图表中的任意一个数据系列，设置其"分类间距"值以调整数据系列的宽度，如图6-15所示。设置垂直坐标轴的单位，如图6-16所示。将网格线设置为黑色的短划线，如图6-17所示。

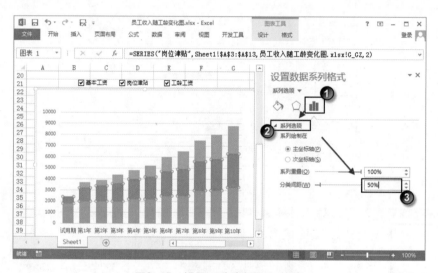

图6-15　设置"分类间距"的值

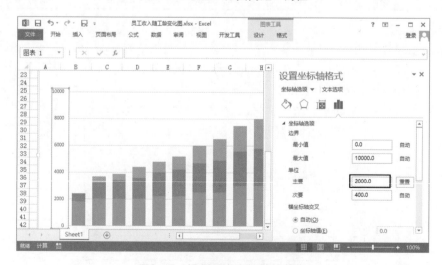

图6-16　设置垂直坐标轴的单位

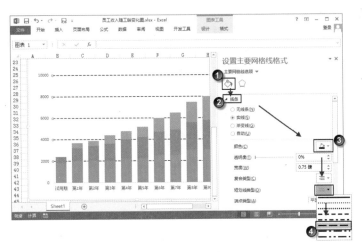

图6-17 设置网格线

9 在图表中添加图表标题、数据标签和图例，对图表中文字的样式进行设置。按住"Ctrl"键右击复选框控件同时选择它们，在"格式"选项卡的"排列"组中单击"上移一层"按钮上的箭头按钮，在打开的列表中选择"置于顶层"命令将选择的控件置于顶层，将控件移到图表中适当位置，如图6-18所示。至此，案例制作完成。勾选不同的复选框，图表中将显示不同的数据，如图6-19所示。

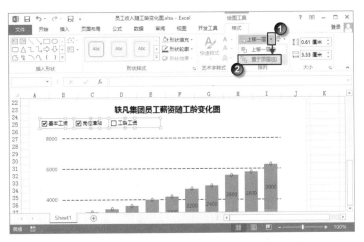

图6-18 将控件置于顶层

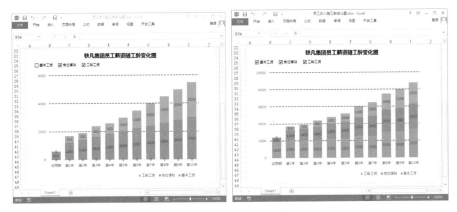

图6-19 案例制作完成后的效果

在实际工作中，制作图表的数据源并不都是简单规则的二维表格，有时会遇三维表格。例如，对于商品零售连锁企业来说，会在多个区域内拥有多家连锁分店。在统计一段时间内这些分店的经营状况时，有时需要按区域来查看区域中各分店的销售经营状况。为了让数据能够分类显示，需要使用控件来实现选择。下面通过一个连锁店下辖各区域分店月销售额统计图表的制作来介绍使用下拉列表来实现分类显示数据的方法。

步骤1 启动Excel 2013并打开工作表，将工作表中的区域名称单独放置到一列中，如图6-20所示。在"开发工具"选项卡的"控件"组中单击"插入"按钮，在打开的列表中选择"组合框"选项，如图6-21所示。

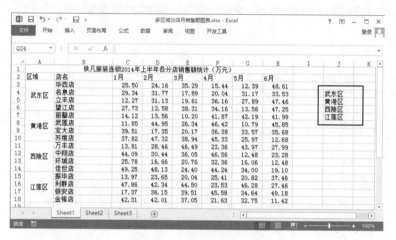

图6-20 单独放置区域名称

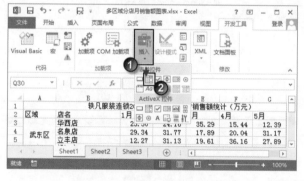

图6-21 选择"组合框"选项

步骤2 拖动鼠标在工作表中绘制一个组合框，右击控件后选择关联菜单中的"设置控件格式"命令打开"设置对象格式"对话框，在对话框中对控件进行设置，如图6-22所示。这里，"数据源区域"文本框中指定组合框中的列表选项所在单元格区域地址，"单元格链接"文本框中指定放置选项编号的单元格地址，"下拉显示项数"文本框中的数值设定了控件下拉列表中可以显示的选项数目。单击"确定"按钮关闭对话框，单击控件即可在列表中选择相应的选项，如图6-23所示。

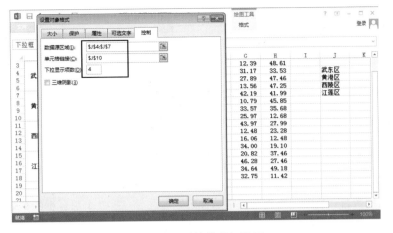

图6-22　对控件进行设置

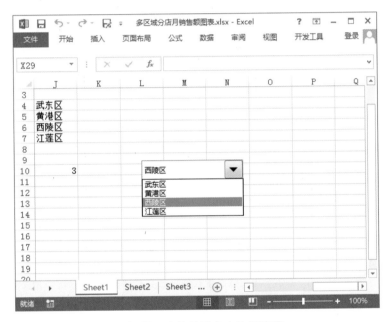

图6-23　在控件列表中选择选项

X 3 在"公式"选项卡的"定义名称"组中单击"定义名称"按钮，如图6-24所示。在打开的"新建名称"对话框中对"名称"和"引用位置"进行设置，如图6-25所示。这里，"引用位置"文本框中输入公式"=OFFSET(Sheet1!$A$3,(Sheet1!$J$10-1)*4,1,4,1)"，该公式用于根据组合框中选择的区名获得该区中对应的店名。

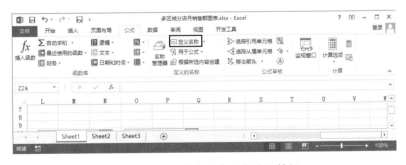

图6-24　单击"定义名称"按钮

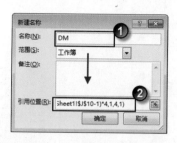

图6-25　"新建名称"对话框

4 复制工作表中的组合框控件，打开控件的"设置控件格式"对话框对控件进行设置，如图6-26所示。这里，在"数据源区域"文本框中输入公式"=Sheet1!DM"，"下拉显示项数"设置为每个区中分店的数目。在第一个组合框中选择了区名之后，第二个组合框的列表中将只显示该区对应的店名，如图6-27所示。

图6-26　"设置控件格式"对话框

图6-27　控件显示的效果

5 再次打开"新建名称"对话框，在对话框的"名称"文本框中输入名称，在"引用位置"文本框中输入公式"=OFFSET($A$2,($J$10-1)*4+$J$11,2,1,6)"，如图6-28所示。该公式用于在使用组合框选择"区域"和"店名"后获取对应的1月～6月的销售额数据。

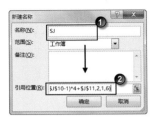

图6-28 "新建名称"对话框

6 在工作表中选择一个空白单元格，插入一个空的条形图。右击图表打开"选择数据源"对话框，在对话框中单击"添加"按钮，如图6-29所示。此时将打开"编辑数据系列"对话框，在对话框中设置"系列名称"和"系列值"，如图6-30所示。单击"确定"按钮关闭对话框。

图6-29 单击"添加"按钮　　　图6-30 "编辑数据系列"对话框

7 在"选择数据源"对话框中单击"水平（分类）轴标签"列表中的"编辑"按钮，如图6-31所示。此时将打开"轴标签"对话框，在对话框中指定轴标签区域，如图6-32所示。分别单击"确定"按钮关闭"轴标签"对话框和"选择数据源"对话框。

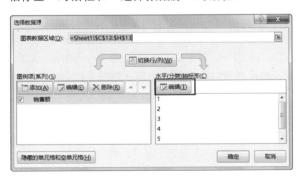

图6-31 单击"编辑"按钮

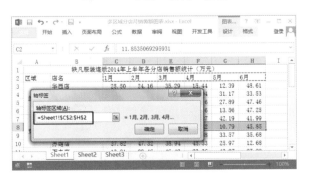

图6-32 指定轴标签区域

同时选择2个控件后右击，选择关联菜单中的"置于顶层"|"置于顶层"命令将控件置于顶层，将控件拖放到图表中。设置图表背景色，输入标题和相关文字，为数据系列添加数据标签，在图表中添加分隔线。至此，本案例制作完成。在图表中的"请选择区域"组合框中选择区域，在"请选择店名"组合框中选择该区域中的分店名称，图表将显示该分店上半年的销售情况，如图6-33所示。

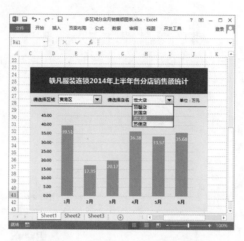

图6-33　案例制作完成后的效果

案例3　股票历史成交明细图

在制作商务图表时，面对大量的数据，由于绘图区空间有限，往往无法在一个图表中将所有数据都清楚完整地显示出来，此时可以借助于"滚动条"控件来实现数据的翻页和移动。另外，让数据在图表中分类显示也可以有效地解决数据无法完全显示的问题。要实现对分类的选择，可以使用的控件很多，"选项按钮"控件是一种常用的控件。很多时候，面对大量的数据，为了有针对性地显示数据，图表中可以同时配合使用多个控件。下面以一个股票历史成就明细图的制作为例，来介绍多个控件组合应用的方法。在这个案例中，工作表记录了一天中从9点30分到15点30分的股票成交价、成交量和成交额记录，使用"滚动条"控件来实现数据在绘图区中的翻页，使每页只显示100个数据。使用"选项按钮"控件来实现对成交价、成交量和成交额这3类数据显示的选择。

启动Excel 2013并打开工作表，打开"开发工具"选项卡，在"控件"组中单击"插入"按钮。在打开的列表中选择"选项按钮"控件，如图6-34所示。拖动鼠标在工作表中绘制该控件，更改控件上显示的文字，如图6-35所示。

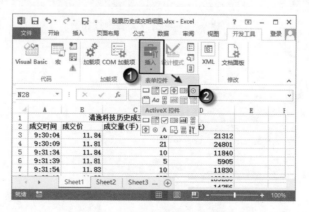

图6-34　选择"选项按钮"控件

图6-35　创建控件并更改控件显示的文字

2 右击控件，选择关联菜单中的"设置控件格式"命令打开"设置控件格式"对话框。在对话框的"控制"选项卡中为控件指定链接单元格，如图6-36所示。单击"确定"按钮关闭对话框，将控件复制两个并更改控件上显示的文字，如图6-37所示。

图6-36　指定链接单元格

图6-37　复制控件并更改控件显示的文字

3 选择在图表中插入"滚动条"控件，如图6-38所示。在工作表中横向拖动鼠标绘制一个水平放置的滚动条，打开控件的"设置控件格式"对话框。在对话框中对控件进行设置，这里的设置项包括"最小值"、"最大值"、"步长"、"页步长"和"单元格链接"，如图6-39所示。这里，将"页步长"设置为100，绘图区中一次显示100个数据。"最大值"可以使用公式"数据总数-页步长+1"计算获得，由于本案例数据共有748行，因此这里将其设置为649。

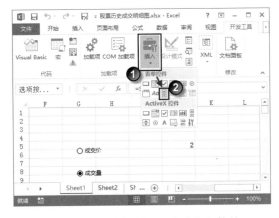

图6-38　选择插入"滚动条"控件

图6-39　对控件进行设置

4 打开"公式"选项卡，在"定义的名称"组中单击"定义名称"按钮，如图6-40所示。此时将打开"新建名称"对话框，在对话框的"名称"文本框中输入名称，在"引用位置"文本框中输入公式"=OFFSET(Sheet1!$A$2,Sheet1!$J$6,Sheet1!$J$5,100,1)"，该公式根据"选项按钮"和"滚动条"控件的输出值获取数据区域，如图6-41所示。

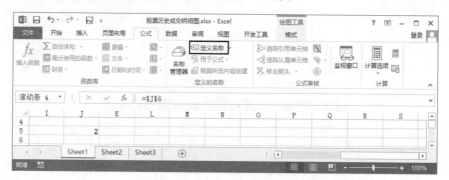

图6-40 单击"定义名称"按钮

5 再次打开"新建名称"对话框，设置"名称"并在"引用位置"文本框中输入公式"=OFFSET(Sheet1!$A$2,Sheet1!$J$6,0,100,1)"，如图6-42所示。"引用位置"中的公式可以根据控件的输出值获得需要的"成交时间"数据。

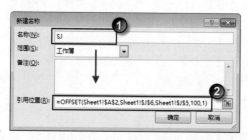
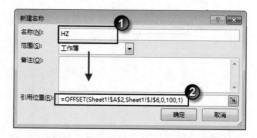

图6-41 "新建名称"对话框　　　　　　图6-42 "新建名称"对话框中的设置

6 在工作表中插入一个空白的折线图，右击图表，选择关联菜单中的"选择数据"命令打开"选择数据源"对话框，在对话框中单击"图例项（系列）"列表中的"添加"按钮，如图6-43所示。此时将打开"编辑数据系列"对话框，在对话框中设置"系列名称"和"系列值"，如图6-44所示。

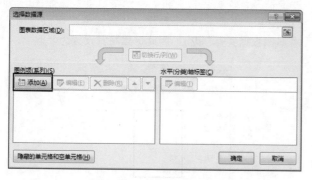

图6-43 单击"添加"按钮　　　　　　图6-44 "编辑数据系列"对话框

7 单击"确定"按钮关闭"编辑数据系列"对话框，在"选择数据源"对话框中的"水平（分类）轴标签"列表中单击"编辑"按钮打开"轴标签"对话框，在对话框中设置"轴标签区域"，如图6-45所示。分别单击"确定"按钮关闭"轴标签"对话框和"选择数据源"对话框。

Excel商务图表从零开始学

图6-45　"轴标签"对话框

8 设置图表中文字的样式，调整图表以及绘图区的大小和位置。将控件置于顶层后放置到图表中，将折线设置为平滑曲线。案例制作完成后的效果，如图6-46所示。使用图表下的滚动条移动曲线，使用选项按钮选择当前在图表中选择的数据类别。

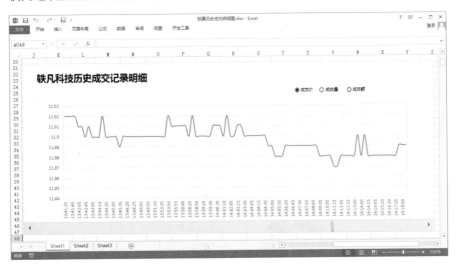

图6-46　案例制作完成后的效果

案例4 / 动态员工绩效考核图

　　绩效考核是对员工的工作效果进行追踪和考评的过程，是企业管理不可或缺的一个部分。企业在绩效考核时，会根据自身的情况指定相应的考核规则和评价指标，考核的结果除了以数据表格的形式呈现外，还需要以图表的形式呈现。此时，制作的图表不仅仅需要直观，还需要能够显示评价情况，有时还需要能动态呈现结果。下面通过一个动态员工绩效考核图案例来介绍具体的制作方法。

1 启动Excel 2013并打开工作表，首先添加用于绘制作为背景的圆环图的数据，如图6-47所示。这里，G13单元格中数据应为前面数据的和。选择G3:G13单元格区域后创建一个圆环图。

2 选择圆环图中的数据系列，在"设置数据系列格式"窗格中设置"第一扇区起始角度"的值设置为270°，将"圆环圆内径大小"设置为50%，如图6-48所示。选择圆环图下半圆环，取消其颜色填充，如图6-49所示。依次设置其他数据点的颜色，如图6-50所示。这里数据点的颜色根据等级评价范围来进行设置。

图6-47　添加用于绘制圆环图的数据

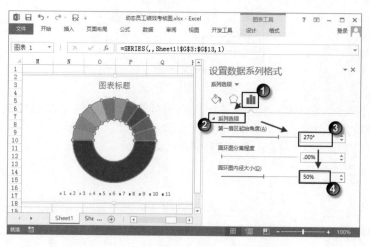

图6-48 设置"第一扇区起始角度"和"圆环圆内径大小"的值

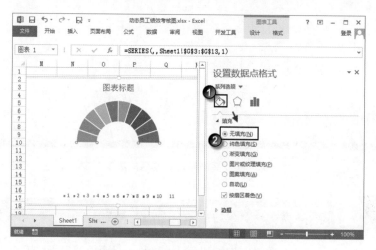

图6-49 取消下半圆环的颜色填充

图6-50 设置数据点的颜色

 3 在图表中添加用于创建指针的数据。这里，在H6单元格中输入公式"=100-H3"，H7单元格中为固定数值100。根据数据创建一个扇形图，如图6-51所示。选择图表中的数据系列，将"第一扇区起始角度"设置为270°，如图6-52所示。

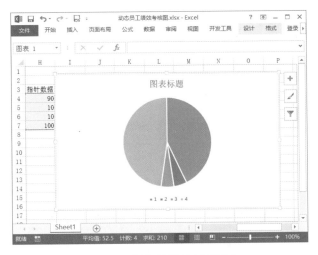

图6-51　添加数据并创建图表

图6-52　将"第一扇区起始角度"设置为270°

取消扇形图中的3个数据点的颜色填充，设置第一个值为10的数据点的边框线颜色和宽度，如图6-53所示。在工作表中将H5单元格中的数值由10更改为0即可得到指针，如图6-54所示。取消对图表背景区的填充使图表背景透明，如图6-55所示。

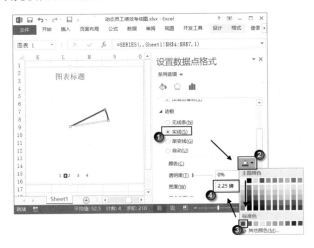

图6-53　设置边框线颜色和宽度

图6-54 得到指针

图6-55 取消图表背景填充

⟨X⟩ 5 在"开发工具"选项卡的"控件"组中单击"插入"按钮，在列表中选择"列表框"ActiveX控件，如图6-56所示。拖动鼠标在图表中绘制选择的控件，右击控件选择"属性"命令打开"属性"对话框。在对话框中将"LinkedCell"参数设置为J4，该单元格用于放置在控件中选择的选项。将"ListFillRange"参数设置为A3：A16，该单元格区放置的是员工姓名，姓名将在控件中列出来，如图6-57所示。在"开发工具"选项卡的"控件"组中单击"设计模式"按钮取消设置模式，在列表框中选择相应的选项，指定单元格中将显示选项的内容，如图6-58所示。

图6-56 选择"列表框"ActiveX控件

图6-57 "属性"对话框

图6-58 指定单元格中显示选择的内容

【X步骤 6】 选择工作表中的H3单元格，在编辑栏中输入公式"=VLOOKUP(J4,A2:B16,2,0)"，如图6-59所示。该公式用于在A2:B16单元格区域中检索在"列表框"控件中选择的员工姓名，并将该员工的绩效考核分数置于单元格中。在图表中选择I4单元格，在编辑栏中输入公式"=VLOOKUP(J4,A2:C16,3,0)"。该公式用于获取选择名字所对应的考核结果，如图6-60所示。

图6-59 在单元格中输入公式

图6-60 获取考核结果

【X步骤 7】 选择圆环图，删除图表中的图例。为其添加数据系列。删除多余的数据标签，保留其中的5个数据标签。这里，2个数据标签输入文字"考核得分"和"考核等级"，如图6-61所示，另外3个数据标签分别指定选择姓名、对应考核得分和考核等级所在的单元格。

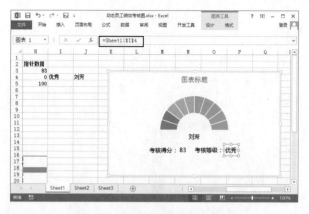

图6-61　设置数据标签的内容

 删除作为指针的图表的图表标题和图例，将图表放置到圆环图上，利用指针饼图的边框线对齐圆环图。将除了作为指针的数据点之外的数据点的白色边框线取消，如图6-62所示。

图6-62　放置指针并取消除指针之外的其他数据点的边框线

 在图表左侧放置控件并使用文本框为控件添加标签。案例制作完成后的效果，如图6-63所示。在图表左侧的列表框中选择员工姓名选项，图表中的指针将指向该员工的得分区域，图表中显示员工姓名、考核得分和考核等级。

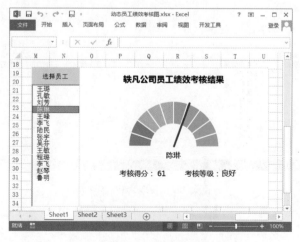

图6-63　案例制作完成后的效果

案例5 / 门店月资金收支图

对于企业来说，了解下属单位的资金收支情况是掌握营业情况的一种重要手段。当下属单位较多时，图表中的收支数据自然也多，如果将它们全部放置在一个图表中，众多数据将堆积在一起，不利于信息的传递。此时，可以通过制作动态图表，由图表的读者来选择图表中需要显示的内容。下面通过一个门店月资金收支图的制作来介绍这类图表的制作方法。在这个案例中，涉及到企业下辖各个区的多个门店的销售收入、服务收入、营运支出和其他支出数据。源数据包含4个维度，它们是区域、分店、收入支出项目和月份，本案例制作的是按照区域、分店和收入支出项目来进行数据查询的动态图表，由用户来选择在图表中显示的数据。

1 启动Excel 2013并打开工作表，将A列中的区域名称放置到L4:L7单元格区域中。在"开发工具"选项卡的"控件"组中单击"插入"按钮，在打开的列表中选择组合框选项，如图6-64所示。

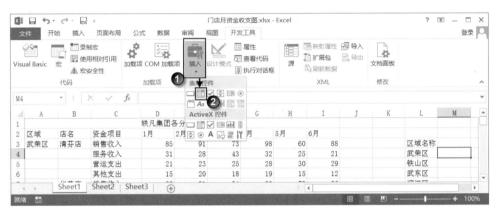

图6-64　选择"组合框"选项

2 右击控件，选择关联菜单中"设置控件格式"命令打开"设置控件格式"对话框。在打开的对话框中将"数据源区域"设置为区域名称所在的单元格区域，指定控件的链接单元格地址，如图6-65所示。完成设置后单击"确定"按钮关闭对话框。

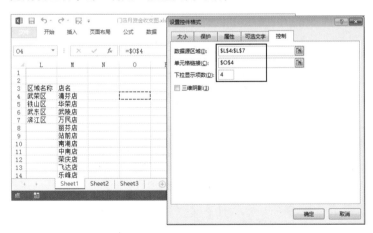

图6-65　"设置对象格式"对话框

3 打开"新建名称"对话框，在对话框中设置"名称"和"引用位置"，如图6-66所示。这里，在"引用位置"文本框中输入公式"=OFFSET(IF(Sheet1!$O$4=1,Sheet1!$L$4,IF(Sheet1!$O$4=2,Sheet1!$L$5,IF(Sheet1!$O$4=3,Sheet1!$L$6,Sheet1!$L$7))),(Sheet1!$O$4-1)*2,1,3,1)"，该公式根据"组合框"控件中选择的区域名称来获得该区域中对应的店名。

4 复制图表中的"组合框"控件，打开控件的"设置控件格式"对话框。在对话框中设置"数据源区域"为上一步定义的名称区域，指定链接单元格地址，如图6-67所示。

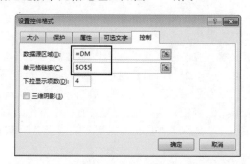

图6-66　设置"名称"和"引用位置"　　　　　　　图6-67　对控件格式进行设置

5 选择插入"选项按钮"控件，如图6-68所示。拖动鼠标在工作表中绘制控件，更改控件显示的文字。打开"设置对象格式"对话框，指定控件的链接单元格，如图6-69所示。将控件复制3个并更改控件显示文字，如图6-70所示。

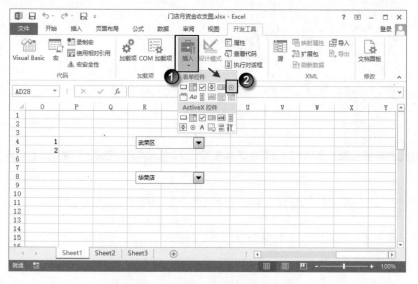

图6-68　选择插入"选项按钮"控件

图6-69　指定控件的链接单元格

Excel商务图表从零开始学

图6-70　复制控件

![x6] 打开"新建名称"对话框，在对话框的"名称"文本框中输入单元格名称，在引用位置文本框中输入公式"=OFFSET(IF(Sheet1!$O$4=1,Sheet1!$A$2,IF(Sheet1!$O$4=2,Sheet1!$A$14,IF(Sheet1!$O$4=3,Sheet1!$A$26,IF(Sheet1!$O$4=4,Sheet1!$A$38)))),(Sheet1!$O$5-1)*4+Sheet1!$O$6,3,1,6)"，该公式根据控件的选择获取对应的数据，如图6-71所示。

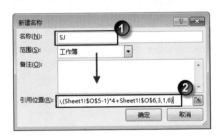

图6-71　设置"名称"和"引用位置"

![x7] 在工作表中插入一个空白的折线图，右击图表，在关联菜单中选择"选择数据"命令打开"选择数据源"对话框。在对话框的"图例项（系列）"列表中单击"添加"按钮，如图6-72所示。在对话框中设置"系列名称"和"系列值"，如图6-73所示。完成设置后单击"确定"按钮关闭对话框。

图6-72　单击"添加"按钮　　　图6-73　在对话框中设置"系列名称"和"系列值"

![x8] 在"选择数据源"对话框中的"水平（分类轴）标签"列表中单击"编辑"按钮，如图6-74所示。在打开的"轴标签"对话框中设置"轴标签区域"，如图6-75所示。完成设置后分别单击"确定"按钮关闭"轴标签"对话框和"选择数据源"对话框。

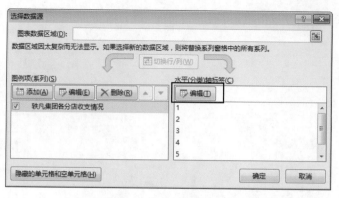

图6-74 单击"编辑"按钮

图6-75 设置"轴标签区域"

 9 对图表进行修饰并添加相关的文字,将控件置于顶层后拖放到图表中,调整图表的大小以及各个元素在图表中的位置。案例制作完成后的效果,如图6-76所示。

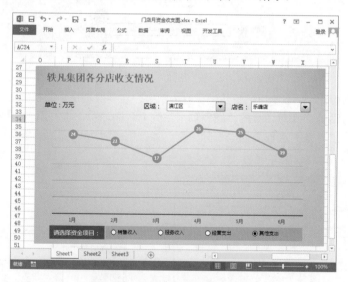

图6-76 案例制作完成后的效果

案例6 动态企业综合描述图

在对企业的市场经营状况进行描述时,往往需要描述多方面的数据,此时使用单一的图表往往无法清晰地表现这些不同类型的数据。这时,可以尝试使用多个图表来分别描述不同的数据,然后让这些图表分别显示。这样，既可以达到直观清晰地描述数据的目的，更可以突出数据主题。下面介绍一个动态企业综合描述图表的制作过程。案例需要显示3个不同类型的图表，在工作表中一次只显示一个图表，使用图表下方的"选项按钮"控件来选择需要显示的图表。下面介绍案例的制作步骤。

1 启动Excel 2013并打开工作表，在这个工作表中已经制作完成了需要的3个图表。拖动第一个图表，将其放置在B30单元格的位置。在"页面布局"选项卡的"排列"组中单击"对齐"按钮，选择列表中的"对齐网格"选项，如图6-77所示。

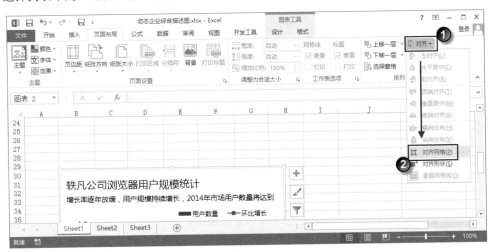

图6-77 选择"对齐网格"选项

2 拖动B30单元格的水平和垂直边框线，调整单元格的大小，使单元格正好包含图表，如图6-78所示。将另外两个图表分别放置到D30单元格和F30单元格中，对这两个图表进行与上面相同的操作，如图6-79所示。

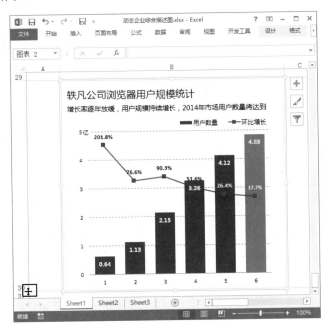

图6-78 调整单元格大小

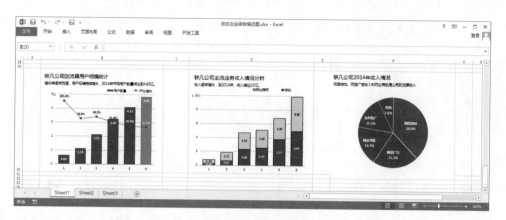

图6-79　放置图表

3 在工作表中放置3个"选项按钮"控件,将控件显示的文字更改为"图表1"、"图表2"和"图表3"。打开"设置对象格式"对话框设置控件的链接单元格,如图6-80所示。

4 打开"新建名称"对话框,在对话框的"名称"文本框中输入名称,在"引用位置"文本框中输入公式"=OFFSET(Sheet1!$A$30,0,IF(Sheet1!$O$3=1,1,IF(Sheet1! Sheet1!$O$3=2,3,IF(Sheet1!$O$3=3,5))),1,1)",如图6-81所示。完成设置后,单击"确定"按钮关闭对话框。

图6-80　指定链接单元格地址

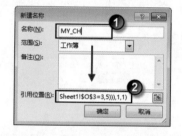

图6-81　"新建名称"对话框

5 在工作表中右击第30行的行标签,选择关联菜单中的"行高"命令打开"行高"对话框,记录对话框中行高值。右击D列标签,选择关联菜单中的"列宽"命令打开"列宽"对话框记录列宽值。右击第10行,选择关联菜单中的中"行高"命令打开"行高"对话框,将该行的行高设置得与第30行相同,如图6-82所示。右击S列列标签,选择关联菜单中的"列宽"命令打开"列宽"对话框,将列宽设置得与D列相同,如图6-83所示。

图6-82　设置行高

图6-83　设置列宽

6 选择第一张图表,按"Ctrl+C"组合键。选择S10单元格,在开始选项卡的"剪贴板"组中单击"粘贴"按钮,在打开的列表中选择"图片"选项,如图6-84所示。图表以图片的形式粘贴到指定单元格中。选择粘贴的图片,在编辑栏中输入公式"=MY_CH",如图6-85所示。

Excel商务图表从零开始学

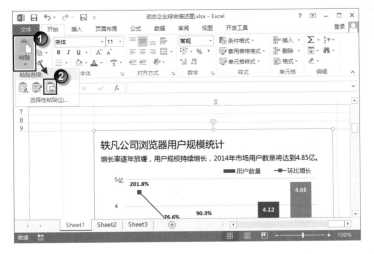

图6-84　粘贴图表

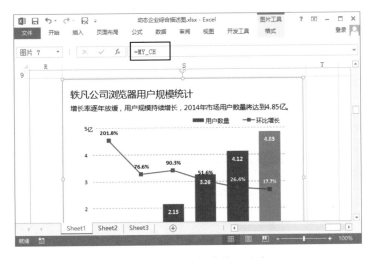

图6-85　在编辑栏中输入公式

X **7** 在工作表中绘制矩形作为背景边框，添加标题和提示文字。将控件置于顶层后移到图片下方合适的位置。案例制作完成后的效果，如图6-86所示。

图6-86　案例制作完成后的效果

（header area with案例7）

案例7 多商品月销量统计图

大多数情况下，销售门店会同时销售多种功能类似、不同品牌或同品牌不同型号的商品，以供消费者选择购买。在对销售门店销售数据进行分析统计时，需要呈现同一时段不同商品的销售数据。当商品很多时，就需要读者能够自由选择需要呈现的商品数据，这就需要创建动态图表。创建此类动态图表的方式很多，除了可以使用前面介绍的控件来对数据进行选择外，还可以直接通过选择源数据区域中的数据来进行选择，这种方式的优势在于制作简便且减少了图表中的元素。下面通过一个多商品月销量统计图案例来介绍此类动态图表的制作方法。

步骤1 启动Excel 2013并打开工作表，在工作表中选择B10:G10单元格区域，在编辑栏中输入公式"=OFFSET(B4:G4,CELL("row")-5,,,)"，按"Ctrl+Shift+Enter"键确认输入，如图6-87所示。

图6-87　输入并复制公式

步骤2 在工作表中选择A3:G8单元格区域，在"开始"选项卡的"样式"组中单击"条件格式"按钮。在打开的列表中选择"新建规则"选项，如图6-88所示。此时将打开"新建格式规则"对话框，在对话框的"选择规则类型"列表中选择"使用公式确定要设置格式的单元格"选项，在"为符合此公式的值设置格式"文本框中输入公式"=ROW()=CELL("row")"，单击"格式"按钮，如图6-89所示。此时将打开"设置单元格格式"对话框，在"填充"选项卡中设置符合条件的单元格的填充颜色，如图6-90所示。完成设置后分别单击"确定"按钮关闭"设置单元格格式"对话框和"新建格式规则"对话框。

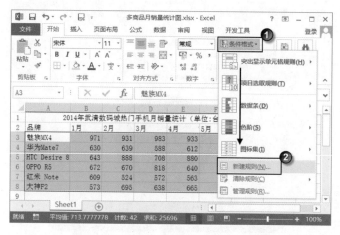

图6-88　选择"新建格式规则"选项

Excel商务图表从零开始学

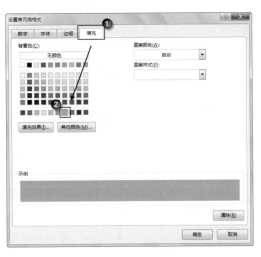

图6-89　"新建格式规则"对话框　　　　图6-90　"设置单元格格式"对话框

3 按"Alt+F11"键打开Excel的Visual Basic编辑器，在左侧的"工程资源管理器"窗格中双击"Sheet1"选项，在右侧的"代码窗口"的"对象"列表中选择"Worksheet"选项，在"事件"列表中选择"SelectionChange"选项，添加SelectionChange事件代码。在事件代码中输入"Calculate"语句，如图6-91所示。当Sheet1工作表中单元格的选择发生改变时，将触发SelectionChange事件执行Calculate语句对工作表进行重新计算，从而实现图表内容的更新。

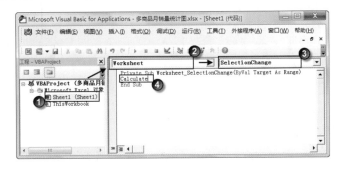

图6-91　创建事件代码

4 使用B10:G10单元格区域中的数据创建柱形图，右击图表，选择关联菜单中的"选择数据"命令打开"选择数据源"对话框。在对话框中单击"水平（分类）轴标签"列表中的"编辑"按钮，如图6-92所示。在打开的"轴标签"对话框指定轴标签单元格区域，如图6-93所示。完成设置后单击"确定"按钮关闭"轴标签"对话框和"选择数据源"对话框。

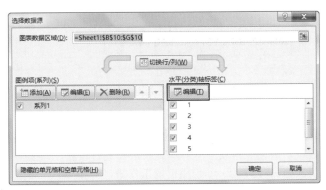

图6-92　"选择数据源"对话框

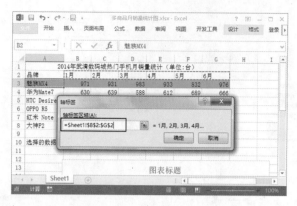

图6-93 "轴标签"对话框

 **5** 对图表进行美化,在工作表的第一行和第二行之间插入一行。将工作表放置到A2单元格,使图表对齐网格并调整单元格的行高使其与图表高度匹配,如图6-94所示。设置工作表中标题文字的字体、颜色、对齐方式和单元格填充颜色,如图6-95所示。

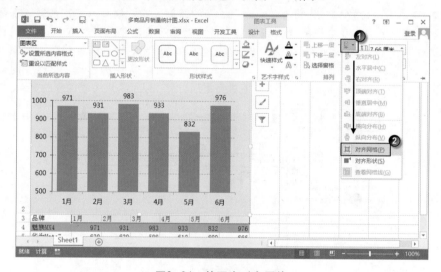

图6-94 使图表对齐网格

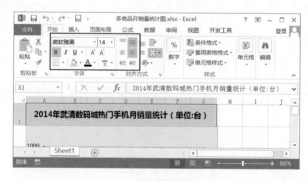

图6-95 设置标题文字

 **6** 选择工作表中数据区域后右击,选择关联菜单中的"设置单元格格式"命令打开"设置单元格格式"对话框,在"边框"选项卡中对单元格边框进行设置,如图6-96所示。设置数据区标题行的填充颜色,将文档保存为"Excel启用宏的工作簿(*.xlsm)"格式,如图6-97所示。至此,本案例制作完成。在数据区域中选择任一个单元格,该行数据将被选择,该行数据相应在图表中显示,如图6-98所示。

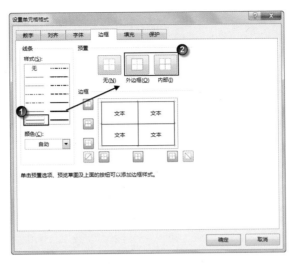

图6-96 "设置单元格格式"对话框

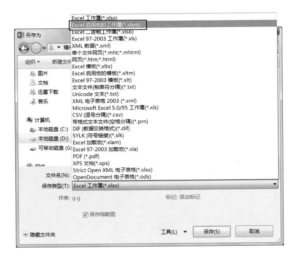

图6-97 将文档保存为"Excel启用宏的工作簿（*.xlsm）"格式

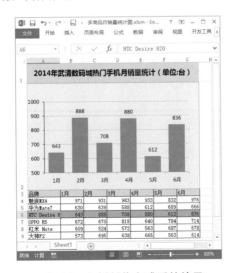

图6-98 案例制作完成后的效果